U0142231

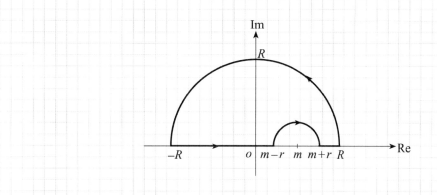

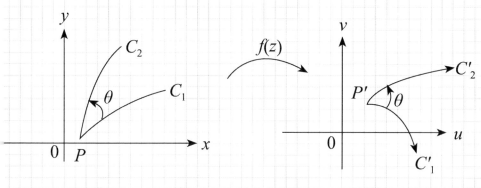

第一次學
工程數學就上手(5)

複變數

林振義　著

五南圖書出版公司 印行

序言

　　我利用「SOP 閃通教學法」教我們系上的工程數學課，學生普遍反應良好。學生在期末課程問卷上，寫著「這堂課真的幫了大家不少，以為工數很難，但在老師的教導下，工數就跟小學的數學一樣的簡單，這真的都是拜老師所賜的呀！」「老師很厲害，把一科很不容易學會的科目，一一講解的很詳細。」「老師謝謝您，讓我重新愛上數學。」「高三那年我放棄了數學，自從上您的課後，開始有了變化，而且還有教學影片可以在家裡複習，重點是上課也很有趣。」「一直以來我的數學是學過就忘，難得有老師可以讓我學之後記得那麼久的。」「老師讓工程數學變得非常簡單。」我們的前工學院李院長（目前任教於中山大學）說：「林老師很不容易，將一科很硬的科目，教得讓學生滿意度那麼高。」

　　我也因而得到了：教育部 105 年師鐸獎、第十屆（2022年）星雲教育獎、明新科大 100、104、107、109、111 學年度教學績優教師、技職教育熱血老師、私校楷模獎等。我的上課講義《微分方程式》、《拉普拉斯轉換》，分別申請上明新科大 104、105 年度教師創新教學計畫，並獲選為優秀作品。

　　很多理工商科的基本計算題，如：微積分、工程數學、電路學等，有些人看到題目後，就能很快地將它解答出來，這是因為很多題目的解題方法，都有一個標準的解題流程[註]（SOP，Standard sOlving Procedure），只要將題目的數據帶入標準解題流程內，就可以很容易地將該題解答出來。

現在很多老師都將這標準解題流程記在頭腦內，依此流程解題給學生看。但並不是每個學生看完老師的解題後，都能將此解題流程記在腦子裡。

SOP 閃通教學法是：若能將此解題流程寫在黑板上，一步一步的引導學生將此題目解答出來，學生可同時用耳朵聽（老師）解題步驟、用眼睛看（黑板）解題步驟，則可加深學生的印象，學生只要按圖施工，就可以解出相類似的題目來。

SOP 閃通教學法的目的就是要閃通，是將老師記在頭腦內的解題步驟用筆寫出來，幫助學生快速的學習，就如同：初學游泳者使用浮板、初學下棋者使用棋譜、初學太極拳先練太極十八式一樣，這些浮板、棋譜、固定的太極招式都是為了幫助初學者快速的學會游泳、下棋和太極拳，等學生學會了後，浮板、棋譜、固定的太極招式就可以丟掉了。SOP 閃通教學法也是一樣，學會後 SOP 就可以丟掉了，之後再依照學生的需求，做一些變化題。

有些初學者的學習需要藉由浮板、棋譜、SOP 等工具的輔助，有些人則不需要，完全是依據每個人的學習狀況而定，但最後需要藉由工具輔助的學生，和不需要工具輔助的學生都學會了，這就叫做「因材施教」。

我身邊有一些同事、朋友，甚至 IEET 教學委員們直覺上覺得數學怎能 SOP？老師們會把解題步驟（SOP）記在頭腦內，依此解題步驟（SOP）教學生解題，我只是把解題步驟（SOP）寫下來，幫助學生學習，但我的經驗告訴我，對我的學生而言，寫下 SOP 的教學方式會比 SOP 記在頭腦內的教學方式好很多。

　　我這本書就是依據此原則所寫出來的。我利用此法寫一系列的數學套書，包含有：

1. 第一次學微積分就上手
2. 第一次學工程數學就上手 (1)─微積分與微分方程式
3. 第一次學工程數學就上手 (2)─拉氏轉換與傅立葉
4. 第一次學工程數學就上手 (3)─線性代數
5. 第一次學工程數學就上手 (4)─向量分析與偏微分方程式
6. 第一次學工程數學就上手 (5)─複變數
7. 第一次學機率就上手
8. 工程數學 SOP 閃通指南（為《第一次學工程數學就上手》(1)～(5) 之精華合集）
9. 大學學測數學滿級分（I）（II）
10. 第一次學 C 系列語言前半段就上手（即將出版）

　　它們的寫作方式都是盡量將所有的原理或公式的用法流程寫出來，讓讀者知道如何使用此原理或公式，幫助讀者學會一門艱難的數學。

　　最後，非常感謝五南圖書股份有限公司對此書的肯定，此書才得以出版。本書雖然一再校正，但錯誤在所難免，尚祈各界不吝指教。

林振義

email: jylin @ must.edu.tw

註：數學題目的解題方法有很多種，此處所說的「標準解題流程（SOP）」是指教科書上所寫的或老師上課時所教的那種解題流程，等學生學會一種解題方法後，再依學生的需求，去了解其他的解題方法。

教學成果

1. 教育部 105 年**師鐸獎**（教學組）。

2. 星雲教育基金第十屆（2022 年）星雲教育獎典範教師獎。

3. 教育部 104、105 年全國大專校院社團評選特優獎的社團指導老師（熱門音樂社）。

4. 國家太空中心 107、108、109、110、112 年產學合作計畫主持人。

5. 參加 100、104 年發明展（教育部館）

6. 明新科大 100、104、107、109、111 學年度**教學績優教師**。

7. 明新科大 110、111、112 年特殊優秀人才彈性薪資獎。

8. 獲邀擔任化學工程學會 68 週年年會工程教育論壇講員，演講題目：工程數學 SOP+1 教學法，時間：2022 年 1 月 6~7 日，地點：高雄展覽館三樓。

9. 獲選為技職教育**熱血老師**，接受蘋果日報專訪，於 106 年 9 月 1 日刊出。

10. 107 年 11 月 22 日執行**高教深耕計畫**，同儕觀課與分享討論（主講人）。

11. 101 年 5 月 10 日學校指派出席龍華科大校際**優良教師觀摩講座**主講人。

12. 101 年 9 月 28 日榮獲**私校楷模獎**。

13. 文章「**SOP 閃通教學法**」發表於師友月刊，2016 年 2 月第 584 期 81 到 83 頁。

14. 文章「**談因材施教**」發表於師友月刊，2016 年 10 月第 592 期 46 到 47 頁。

讀者的肯定

有五位讀者肯定我寫的書，他們寫email來感謝我，內容如下：

(1) 讀者一：

(a) Subject：第一次學工程數學就上手6

林教授，

您好。您的「第一次學工程數學就上手」套書很好，是學習工程數學的好教材。

想請問第6冊機率會出版嗎？什麼時候出版？

(b) 因我發現它是從香港寄來的，我就回信給他，內容如下：

您好

1. 感謝您對本套書的肯定，因前些日子比較忙，沒時間寫，機率最快也要7月以後才會出版

2. 請問您住香港，香港也買的到此書嗎？

謝謝

(c) 他再回我信，內容如下：

林教授，

是的，我住在香港。我是香港城市大學電機工程系畢業生。在考慮報讀碩士課程，所以把工程數學溫習一遍。

在香港的書店有「第一次學工程數學就上手」的套書，唯獨沒有「6機率」。因此來信詢問。希望7月後您的書能夠出版。

(2) 讀者二：

標題：林振義老師你好

林振義老師你好，出社會許多年的我，想要準備考明年的研究所考試。

　　就學時，一直對工程數學不擅長，再加上很久沒念書根本不知道從哪邊開始讀起。

　　因緣際會在網路上看到老師出的「第一次學工程數學就上手」系列，翻了幾頁覺得很有趣，原來工數可以有這麼淺顯易懂的方式來表達。

　　然後我看到老師這系列要出四本，但我只買到兩本所以我想問老師，3 的線代跟 4 的向量複變什麼時候會出，想早點買開始準備

謝謝老師

(3) 讀者三：

標題：SOP 閃通讀者感謝老師

林教授 您好，

　　感謝您，拜讀老師您的大作，SOP 閃通教材第一次學工程數學系列，對個人的數學能力提升，真的非常有效，超乎想像的進步，在此　誠懇　感謝老師，謝謝您～

(4) 讀者四：

標題：第一次學工程數學就上手

林老師，您好

　　我是您的讀者，對於您的第一次學工程數學就上手系列很喜歡。請問第四冊有預計何時出版嗎？

很希望能夠儘快拜讀，謝謝。

(5) 讀者五：

標題：老師您好

老師您好

因緣際會買了老師您的，第一次學工程數學就上手的 1 2

覺得書實在太棒了！

想請問老師 3 和 4，也就是線代和向量的部分，書會出版發行嗎？

目錄

第 8 篇

複變數

奧古斯丁‧路易‧柯西（Augustin Louis Cauchy）

　　於 1789 年 8 月 21 日出生於高級官員家庭。大約在 1805 年時，他就讀於巴黎綜合理工學院。他在數學方面有傑出的表現。在 1848 年時，在巴黎大學擔任教授。柯西一生寫了 789 篇論文，這些論文編成《柯西著作全集》。

　　19 世紀微積分學的準則並不嚴格，他拒絕當時微積分學的說法，並定義了一系列的微積分學準則。在他一生發表的近 800 篇論文中，較為有名的是《分析教程》、《無窮小分析教程概論》和《微積分在幾何上的應用》。他和馬克勞林重新發現了積分檢驗這個用來測試無限級數是否收斂的方法。他一生中最重要的貢獻主要是在微積分學、複變函數和微分方程這三個領域。

　　出處：wikipedia.org

複變數簡介

　　複變數分析，傳統上被稱為複變函數論，是屬於數學分析的一部分，用於分析複數函數。它包括代數幾何、數論、解析組合學、應用數學，以及物理領域，包括流體力學、熱力學，尤其是量子力學等。

　　複變數分析的起源可追溯到 18 世紀之前。與複變數相關的重要數學家包括 Euler、Gauss、Riemann、Cauchy、Weierstrass 以及 20 世紀的更多數學家。複變數分析，尤其是映射理論，具有許多物理應用，並且在整個解析數論中也得到了廣泛的應用。

本篇將介紹

1. 複數的基礎：這部分是高中數學的內容，為了保持課本的完整性。
2. 複數函數及反函數：把實數的函數、反函數推廣到複數上。
3. 複數的微分：除了介紹複數函數微分的性質外，還介紹複數微分一個很重要的方程式──柯西─黎曼方程式。
4. 複數積分：除了介紹複數的不定積分和線積分外，還介紹路徑為簡單封閉迴路的複數積分，它包含有柯西積分定理、柯西積分公式和留數定理。本章最後還介紹以留數定理來解三種實數定積分的方法。
5. 保角映射：介紹一些映射性質和一個特例，雙線性轉換。

第 1 章　複數

本章將介紹複數的基本知識和複數的極坐標表示法。

1.1　複數

1. 【為何要有複數】在解一元二次方程式 $x^2 + 1 = 0$ 時，無法找到一個 x 的實數解來滿足此一方程式，就有了複數（complex number）的想法。

2. 【複數表示法】複數 z 可以表示成 $z = x + iy$，其中：x, y 是實數，i 是虛數單位（complex unit），i 的值是 $\sqrt{-1}$，整個 $x + iy$ 稱為複數，且

    (1) x 是 z 的實部（real part），表示成 $\text{Re}(z) = x$；

    (2) y 是 z 的虛部（imaginary part），表示成 $\text{Im}(z) = y$；

    (3) 若 $x = 0, y \neq 0$，則 $z = iy$ 稱為純虛數（pure imaginary）；

    (4) 可以用實數的有序對（$\text{Re}(z)$，$\text{Im}(z)$）來表示複數 z。

    　　例如：複數 $z = 1 + 2i$，也可表示成（$1, 2$）

3. 【i 的次方】

    (1) $i = \sqrt{-1}$

    (2) $i^2 = \sqrt{-1} \cdot \sqrt{-1} = (\sqrt{-1})^2 = -1$

    (3) $i^3 = i^2 \cdot i = -i$

    (4) $i^4 = i^2 \cdot i^2 = -1 \cdot -1 = 1$

    (5) $i^5 = i^4 \cdot i = i$（每四個循環）

4. 【複數的算術運算】設二複數 $z_1 = x_1 + iy_1$，$z_2 = x_2 + iy_2$，則

(1) 相等：若 $z_1 = z_2$，表示 $x_1 = x_2$ 且 $y_1 = y_2$

(2) 相加：$z_1 + z_2 = (x_1 + iy_1) + (x_2 + iy_2) = (x_1 + x_2) + i(y_1 + y_2)$

(3) 相減：$z_1 - z_2 = (x_1 + iy_1) - (x_2 + iy_2) = (x_1 - x_2) + i(y_1 - y_2)$

(4) 相乘：$z_1 \times z_2 = (x_1 + iy_1) \times (x_2 + iy_2)$

$$= x_1 x_2 + ix_1 y_2 + ix_2 y_1 + i^2 y_1 y_2$$

$$= (x_1 x_2 - y_1 y_2) + i(x_1 y_2 + x_2 y_1)$$

(5) 相除：$\dfrac{z_1}{z_2} = \dfrac{x_1 + iy_1}{x_2 + iy_2}$ （分母有理化）

$$= \frac{(x_1 + iy_1)(x_2 - iy_2)}{(x_2 + iy_2)(x_2 - iy_2)}$$

$$= \frac{(x_1 x_2 + y_1 y_2) + i(x_2 y_1 - x_1 y_2)}{(x_2^2 + y_2^2)}$$

$$= \frac{x_1 x_2 + y_1 y_2}{(x_2^2 + y_2^2)} + i\frac{(x_2 y_1 - x_1 y_2)}{(x_2^2 + y_2^2)}$$

5. 【複數的絕對值】設複數 $z = x + iy$，$z_1 = x_1 + iy_1$，

$z_2 = x_2 + iy_2$，則複數 z 的絕對值（absolute value）（或稱

為模數（modulus））為 $|z| = \sqrt{x^2 + y^2}$，且

(1) $|z_1 z_2| = |z_1||z_2| = \sqrt{x_1^2 + y_1^2} \cdot \sqrt{x_2^2 + y_2^2}$

(2) $\left|\dfrac{z_1}{z_2}\right| = \dfrac{|z_1|}{|z_2|} = \dfrac{\sqrt{x_1^2 + y_1^2}}{\sqrt{x_2^2 + y_2^2}}$

例 1 求下列各算式運算結果（複數的加減乘除）

(1) $(6 + 4i) + 2(1 + 2i)$

(2) $(2 + 3i) + 2(4 + 5i) - 3(1 - 2i)$

(3) $(6 + 4i)(1 + 2i)$

(4) $\dfrac{1 + 2i}{3 + 4i} + \dfrac{2 - i}{3 - 4i}$

(5) $\dfrac{1 + 2i^5 - 3i^{10}}{1 - 2i^3 + 3i^6}$

解 (1) $(6 + 4i) + 2(1 + 2i) = (6 + 4i) + (2 + 4i) = 8 + 8i$

(2) $(2 + 3i) + 2(4 + 5i) - 3(1 - 2i)$

$\qquad = (2 + 3i) + (8 + 10i) - (3 - 6i) = 7 + 19i$

(3) $(6 + 4i)(1 + 2i) = 6 + 16i + 8i^2 = -2 + 16i$

(4) $\dfrac{1 + 2i}{3 + 4i} + \dfrac{2 - i}{3 - 4i} = \dfrac{(1 + 2i)(3 - 4i) + (2 - i)(3 + 4i)}{(3 + 4i)(3 - 4i)}$

$\qquad = \dfrac{(11 + 2i) + (10 + 5i)}{3^2 - 4^2 i^2} = \dfrac{21 + 7i}{25}$

(5) 因 $i^3 = -i$、$i^5 = i$、$i^6 = -1$、$i^{10} = -1$，所以

$\qquad \dfrac{1 + 2i^5 - 3i^{10}}{1 - 2i^3 + 3i^6} = \dfrac{1 + 2i + 3}{1 + 2i - 3} = \dfrac{4 + 2i}{-2 + 2i} = \dfrac{2 + i}{-1 + i}$

$\qquad = \dfrac{(2 + i)(-1 - i)}{(-1 + i)(-1 - i)} = \dfrac{-1 - 3i}{2}$

例2 若 $z_1 = 1 + 2i$，$z_2 = 2 - i$，求下列各算式運算結果（複數的絕對值）

(1) $|2z_1 - 3z_2|$

(2) $|z_1^2 - 2z_2^2 - 3z_1 + 4|$

(3) $\left| \dfrac{2z_1^2 + z_2^2}{z_1 + z_2} \right|$

做法 若 $z = x + iy$，則 $|z| = \sqrt{x^2 + y^2}$

【解】 $(1)\,|\,2z_1 - 3z_2\,| = |\,2(1+2i) - 3(2-i)\,| = |-4 + 7i\,|$

$$= \sqrt{(-4)^2 + 7^2} = \sqrt{65}$$

$(2)\,|z_1^2 - 2z_2^2 - 3z_1 + 4| = |(1+2i)^2 - 2(2-i)^2 - 3(1+2i) + 4|$

$$= |(-3+4i) - 2(3-4i) - (3+6i) + 4| = |-8 + 6i| = 10$$

$(3)\,\left|\dfrac{2z_1^2 + z_2^2}{z_1 + z_2}\right| = \left|\dfrac{2(1+2i)^2 + (2-i)^2}{(1+2i) + (2-i)}\right| = \left|\dfrac{-3+4i}{3+i}\right|$

$$= \frac{\sqrt{(-3)^2 + 4^2}}{\sqrt{3^2 + 1^2}} = \frac{\sqrt{25}}{\sqrt{10}} = \frac{\sqrt{10}}{2}$$

【例 3】 x, y 為實數，若 $2ix + 3y - x - 2iy = 5 + 2i$，求 x, y 之值

【做法】 等號左右二邊的實部相等，虛部相等

【解】 $2ix + 3y - x - 2iy = 5 + 2i$

$\Rightarrow (-x + 3y) + (2x - 2y)i = 5 + 2i$

$\Rightarrow (-x + 3y) = 5$ 且 $(2x - 2y) = 2 \Rightarrow x = 4, y = 3$

6.【複數平面】

(1) 二度空間的 xy 平面，應用到複數時，可以將 x 軸表示為複數的實數軸，將 y 軸表示為複數的虛數軸，此時的 xy 平面就稱為複數平面。即複數 $a + bi$ 可以用複數平面中的點 (a, b) 來標示，如圖 1-1 所示。

(2) 實數為零的複數被稱為純虛數，這些數字的點位於複數平面的垂直軸（虛數軸）上；虛部為零的複數可以看作是實數，這些點位於複數平面的水平軸（實數軸）上。

(3) 設複變 $z_1 = x_1 + iy_1$，$z_2 = x_2 + iy_2$，則此二點的距離爲

$$|z_1 - z_2| = |(x_1 - x_2) + i(y_1 - y_2)| = \sqrt{(x_1 - x_2)^2 + (y_1 - y_2)^2}$$

(4) 設 $a \in R$，$a > 0$，$z = x + iy$，則

   (a) $|z| = a \Rightarrow \sqrt{x^2 + y^2} = a \Rightarrow x^2 + y^2 = a^2$

     表示它是圓心在原點，半徑爲 a 的圓；

   (b) 同理，$|z - z_0| = a$，表示它是圓心在 z_0，半徑爲 a 的圓。

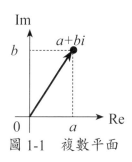

圖 1-1　複數平面

例 4　若 $z_1 = 3 + 2i$，$z_2 = 1 + 2i$，用圖解法求 (1) $z_1 + z_2$ 之值；
(2) $z_1 - z_2$ 之值；

做法　將 z_1，z_2 當成平行四邊形的二鄰邊，其對角線的頂點即
爲其和（或差）之值

解 (1)

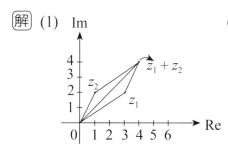

(2)

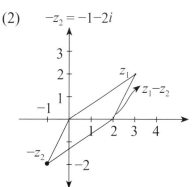

7. 【共軛複數】設 $z = x + iy$，其共軛複數（Complex conjugate）被定義爲 $\bar{z} = x - iy$（改變虛部的正負號，見圖 1-2），且

(1) $z \cdot \bar{z} = (x + iy)(x - iy) = x^2 - y^2 i^2 = x^2 + y^2 = |z|^2 = |\bar{z}|^2$

(2) $\mathrm{Re}(z) = x = \dfrac{1}{2}(z + \bar{z})$

(3) $\mathrm{Im}(z) = y = \dfrac{1}{2i}(z - \bar{z})$

(4) $\overline{z_1 + z_2} = \bar{z_1} + \bar{z_2}$ 且 $\overline{z_1 - z_2} = \bar{z_1} - \bar{z_2}$

(5) $\overline{z_1 \cdot z_2} = \bar{z_1} \cdot \bar{z_2}$、$\overline{\left(\dfrac{z_1}{z_2}\right)} = \dfrac{\bar{z_1}}{\bar{z_2}}$

(6) $\bar{\bar{z}} = z$（註：共軛兩次可得到原始複數）

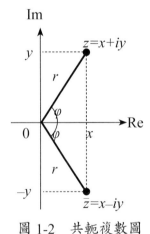

圖 1-2　共軛複數圖

例 5　若 $z_1 = 3 + 2i$，$z_2 = 2 + i$，求 (1) $\overline{z_1 + z_2}$；(2) $z_1 \bar{z_2} + \bar{z_1} z_2$ 之值

解　(1) $\overline{z_1 + z_2} = \overline{(3 + 2i)} + \overline{(2 + i)} = (3 - 2i) + (2 - i) = 5 - 3i$

(2) $z_1\bar{z}_2 + \bar{z}_1z_2 = (3+2i)(2-i) + (3-2i)(2+i)$

$\qquad = (8+i) + (8-i) = 16$

---

8. 【複數三角不等式】

(1) 複數 z_1, z_2 有下列的性質

$$|z_1 + z_2| \le |z_1| + |z_2|$$

此性質稱為複數的三角不等式

（當 z_1, z_2 位在通過原點的同一條直線上時，此不等式的等號會成立）

(2) 它也可以推廣到 n 個複數，即

$$|z_1 + z_2 + \cdots\cdots + z_n| \le |z_1| + |z_2| + \cdots\cdots + |z_n|$$

(3) $|z_1| - |z_2| \le |z_1 + z_2| \le |z_1| + |z_2|$

(4) $|z_1| - |z_2| \le |z_1 - z_2| \le |z_1| + |z_2|$

1.2　複數的極坐標表示法

9.【複數極坐標表示法】複數也可以用極坐標的形式表示。

如圖 1-3，在複數 $z = x + iy$ 中，若

(1) z 點到原點的距離爲 r。

(2) z 點到原點的直線與正實數軸逆時針方向的夾角是 ϕ 角，則 x, y 坐標可表示成

$$x = r\cos\phi \text{、} y = r\sin\phi \text{，即}$$

$$z = x + iy = r(\cos\phi + i\sin\phi)$$

此稱爲複數的極坐標表示法（polar form），而 r, ϕ 稱爲極坐標（polar coordinate）

其中：(1) $r = |z| = \sqrt{x^2 + y^2}$，稱爲 z 的絕對值或稱爲模數（modulus）

(2) ϕ 稱爲 z 的幅角（argument），表示成 $\arg z$，

即 $\phi = \arg z = \tan^{-1}(\dfrac{y}{x})$

註：(A) 此角度是以弳（radius）爲單位，且逆時針方向爲正值。

(B) 因 $\tan^{-1}\theta$ 的值域爲 $(-\dfrac{\pi}{2}, \dfrac{\pi}{2})$ 之間，所以 ϕ 的角度還要依據 x, y 值的正負號做調整，即

(a) 若 (x, y) 在第二象限，則

$$\arg z = \pi - \tan^{-1}(\dfrac{|y|}{|x|}) \text{；}$$

$$\text{或 } \arg z = \pi + \tan^{-1}\dfrac{y}{x}$$

(b) 若 (x, y) 在第三象限，則

$$\arg z = \pi + \tan^{-1}(\frac{|y|}{|x|})$$

$$\text{或 } \arg z = \pi + \tan^{-1}\frac{y}{x}$$

(c) 若 (x, y) 在第四象限，則：

$$\arg z = 2\pi - \tan^{-1}(\frac{|y|}{|x|})$$

$$\text{或 } \arg z = 2\pi + \tan^{-1}\frac{y}{x}$$

(3) 因 $\cos\phi$ 和 $\sin\phi$ 是週期為 2π 的函數，x, y 可表示成

$x = r\cos(2k\pi + \phi)$、$y = r\sin(2k\pi + \phi)$，

也就是複數可以有無窮多個幅角。

(4) 若 $0 \le \arg z < 2\pi$，此時的幅角稱為主值，以 Arg(z)（大寫 A）表示之：

(5) 而 $\arg z = 2k\pi + \text{Arg}(z)$，其中 $k \in Z$（整數）

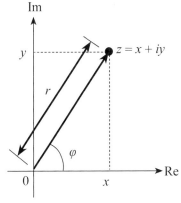

圖 1-3　複數極坐標

註：不同的應用，主值（Arg(z)）的定義也可能不同，有些應用的主值定義在 $-\pi < \text{Arg}(z) \le \pi$，而本書定義在 $0 \le \text{Arg}(z) < 2\pi$

例6 將下列的複數以極坐標表示

(1) $z_1 = 2 + 2i$，　　　(2) $z_2 = 2 - 2\sqrt{3}i$，

(3) $z_3 = -4i$，　　　　(4) $z_4 = -2\sqrt{3} - 2i$

解 (1) $z_1 = 2 + 2i$（第 1 象限）

$$\Rightarrow r = |z_1| = \sqrt{2^2 + 2^2} = \sqrt{8} = 2\sqrt{2}，$$

$$\phi = \arg z_1 = \tan^{-1}(\frac{2}{2}) = \frac{\pi}{4}$$

$$\Rightarrow z_1 = 2\sqrt{2}\,(\cos\frac{\pi}{4} + i\sin\frac{\pi}{4})$$

(2) $z_2 = 2 - 2\sqrt{3}i$（第 4 象限）

$$\Rightarrow r = |z_2| = \sqrt{2^2 + (-2\sqrt{3})^2} = \sqrt{4 + 12} = 4，$$

$$\phi = \arg z_2 = 2\pi - \tan^{-1}(\frac{2\sqrt{3}}{2}) = 2\pi - \frac{\pi}{3} = \frac{5}{3}\pi$$

$$\Rightarrow z_2 = 4\,(\cos\frac{5}{3}\pi + i\sin\frac{5}{3}\pi)$$

(3) $z_3 = -4i$（負虛數軸）

$$\Rightarrow r = |z_3| = \sqrt{0^2 + (-4)^2} = 4，$$

$$\phi = \arg z_3 = \frac{3}{2}\pi$$

$$\Rightarrow z_3 = 4\,(\cos\frac{3}{2}\pi + i\sin\frac{3}{2}\pi)$$

(4) $z_4 = -2\sqrt{3} - 2i$（第 3 象限）

$$\Rightarrow r = |z_4| = \sqrt{(-2\sqrt{3})^2 + (-2)^2} = \sqrt{12 + 4} = 4，$$

$$\phi = \arg z_4 = \pi + \tan^{-1}(\frac{2}{2\sqrt{3}}) = \pi + \frac{\pi}{6} = \frac{7}{6}\pi$$

$$\Rightarrow z_4 = 4\,(\cos\frac{7}{6}\pi + i\sin\frac{7}{6}\pi)$$

10. 【極坐標形式的乘除法（Ⅰ）】

設複變 $z_1 = x_1 + iy_1 = r_1(\cos\theta_1 + i\sin\theta_1)$，

$\qquad z_2 = x_2 + iy_2 = r_2(\cos\theta_2 + i\sin\theta_2)$，則

(1) $z_1 z_2 = (x_1 + iy_1)(x_2 + iy_2) = r_1 r_2[\cos(\theta_1 + \theta_2) + i\sin(\theta_1 + \theta_2)]$

$\quad$（證明：$z_1 z_2 = r_1(\cos\theta_1 + i\sin\theta_1) \times r_2(\cos\theta_2 + i\sin\theta_2)$

$\qquad\qquad = r_1 r_2(\cos\theta_1 + i\sin\theta_1) \times (\cos\theta_2 + i\sin\theta_2)$

$\qquad\qquad = r_1 r_2[(\cos\theta_1 \cos\theta_2 - \sin\theta_1 \sin\theta_2)$

$\qquad\qquad\quad + i(\sin\theta_1 \cos\theta_2 + \sin\theta_2 \cos\theta_1)]$

$\qquad\qquad = r_1 r_2[\cos(\theta_1 + \theta_2) + i\sin(\theta_1 + \theta_2)]$

(2) $z_1 z_2 \cdots z_n$

$\quad = r_1 r_2 \cdots r_n[\cos(\theta_1 + \theta_2 + \cdots + \theta_n) + i\sin(\theta_1 + \theta_2 + \cdots + \theta_n)]$

(3) $\dfrac{z_1}{z_2} = \dfrac{r_1}{r_2}[\cos(\theta_1 - \theta_2) + i\sin(\theta_1 - \theta_2)]$

11. 【極坐標形式的乘除法（Ⅱ）】

(1) 由 $z_1 z_2 = r_1 r_2[\cos(\theta_1 + \theta_2) + i\sin(\theta_1 + \theta_2)]$，可得知

$\quad$ (a) $|z_1 z_2| = |z_1||z_2| = r_1 r_2$

$\quad$ (b) $\arg(z_1 z_2) = \arg(z_1) + \arg(z_2)$（可能差 $2k\pi, k \in Z$）

(2) 由 $\dfrac{z_1}{z_2} = \dfrac{r_1}{r_2}[\cos(\theta_1 - \theta_2) + i\sin(\theta_1 - \theta_2)]$，可得知

$\quad$ (a) $\left|\dfrac{z_1}{z_2}\right| = \dfrac{|z_1|}{|z_2|} = \dfrac{r_1}{r_2}$

$\quad$ (b) $\arg(\dfrac{z_1}{z_2}) = \arg(z_1) - \arg(z_2)$（可能差 $2k\pi, k \in Z$）

12.【棣美弗公式】當複變 $z_1 = z_2 = \cdots\cdots = z_n = z$ 時，則

$$z_1 z_2 \cdots\cdots z_n = r_1 r_2 \cdots\cdots r_n [\cos(\theta_1 + \theta_2 + \cdots\cdots + \theta_n)$$
$$+ i\sin(\theta_1 + \theta_2 + \cdots\cdots + \theta_n)]$$

可變成

$$z^n = r^n(\cos n\theta + i\sin n\theta)$$

此性質稱爲棣美弗公式（De Moivre formula）

13.【尤拉公式】設 $z = re^{i\theta}$，$z_1 = r_1 e^{i\theta_1}$，$z_2 = r_2 e^{i\theta_2}$，則

(1) $e^{i\theta} = \cos\theta + i\sin\theta$，此性質稱爲尤拉公式（Euler's formular）；

(2) 所以 $e^{x+iy} = e^x \cdot e^{iy} = e^x(\cos y + i\sin y)$

(3) $z_1 z_2 = r_1 e^{i\theta_1} \cdot r_2 e^{i\theta_2} = r_1 r_2 e^{i(\theta_1 + \theta_2)}$

(4) $\dfrac{z_1}{z_2} = \dfrac{r_1 e^{i\theta_1}}{r_2 e^{i\theta_2}} = \dfrac{r_1}{r_2} e^{i(\theta_1 - \theta_2)}$

(5) $z^n = (re^{i\theta})^n = r^n e^{in\theta}$

(6) $z^{-n} = (re^{i\theta})^{-n} = r^{-n} e^{-in\theta}$

註：在電路學等相關的應用中，$re^{i\theta}$ 常表示成 $r\angle\theta$

例7　計算下列算式之值

(1) $2(\cos 20^\circ + i\sin 20^\circ) \cdot 3(\cos 40^\circ + i\sin 40^\circ)$，

或 $2e^{i20^\circ} \cdot 3e^{i40^\circ}$

(2) $\dfrac{[4(\cos 45^\circ + i\sin 45^\circ)]^3}{[2(\cos 15^\circ + i\sin 15^\circ)]^8}$，或 $\dfrac{(4e^{i45^\circ})^3}{(2e^{i15^\circ})^8}$

(3) $(\dfrac{1+\sqrt{3}i}{1-\sqrt{3}i})^5$，

解 (1) $2(\cos 20° + i\sin 20°) \cdot 3(\cos 40° + i\sin 40°)$

$= 2 \cdot 3[\cos(20° + 40°) + i\sin(20° + 40°)]$

$= 6(\cos 60° + i\sin 60°) = 3 + 3\sqrt{3}i$

(2) $\dfrac{[4(\cos 45° + i\sin 45°)]^3}{[2(\cos 15° + i\sin 15°)]^8}$

$= \dfrac{4^3[\cos(3 \times 45°) + i\sin(3 \times 45°)]}{2^8[\cos(8 \times 15°) + i\sin(8 \times 15°)]}$

$= \dfrac{64[\cos(135°) + i\sin(135°)]}{256[\cos(120°) + i\sin(120°)]}$

$= \dfrac{1}{4} \times \dfrac{-\dfrac{\sqrt{2}}{2} + i\dfrac{\sqrt{2}}{2}}{-\dfrac{1}{2} + i\dfrac{\sqrt{3}}{2}} = \dfrac{1}{4} \times \dfrac{-\sqrt{2} + i\sqrt{2}}{-1 + i\sqrt{3}}$

$= \dfrac{1}{16}[(\sqrt{6} + \sqrt{2}) + (\sqrt{6} - \sqrt{2})i]$

(3) $\left(\dfrac{1 + \sqrt{3}i}{1 - \sqrt{3}i}\right)^5$

$= \left(\dfrac{\cos 60° + i\sin 60°}{\cos(-60°) + i\sin(-60°)}\right)^5$

$= \dfrac{\cos 300° + i\sin 300°}{\cos(-300°) + i\sin(-300°)}$

$= \cos(600°) + i\sin(600°) = \dfrac{-1 - \sqrt{3}i}{2}$

14.【複數的根】

(1) 設 w 和 z 為二複數，若 $w^n = z$，則稱 w 是 z 的 n 次方根（n-th root），表示成 $w = z^{1/n}$。

(2) 若 $w^n = z = r(\cos\theta + i\sin\theta)$，則

$$w = z^{1/n} = [r(\cos\theta + i\sin\theta)]^{1/n}$$
$$= [r(\cos(\theta + 2k\pi) + i\sin(\theta + 2k\pi))]^{1/n}$$
$$= r^{1/n}\left[\cos(\frac{\theta + 2k\pi}{n}) + i\sin(\frac{\theta + 2k\pi}{n})\right],$$

其中 $k = 0, 1, 2, \cdots\cdots, (n-1)$

也就是若 $w \neq 0$，w 會有 n 個相異的根，此符號（n 次方根）具有多值性（multi-value）。

(3) w 的 n 個相異的根中，$k = 0$ 的根稱為 $w = z^{1/n}$ 的主值。

15.【1 的 n 次方根】

(1) 若 $z^n = 1$（$= 1 + 0i$），則 z 稱為 1 的 n 次方根，由上面公式知

$$z = 1^{1/n} = [1 \cdot (\cos 0 + i\sin 0)]^{1/n}$$
$$= \{1 \cdot [\cos(2k\pi + 0) + i\sin(2k\pi + 0)]\}^{1/n}$$
$$= \cos(\frac{2k\pi}{n}) + i\sin(\frac{2k\pi}{n}) = e^{i(2k\pi/n)},$$

其中 $k = 0, 1, 2, \cdots\cdots, (n-1)$

(2) 它的根有 n 個值，平均分布在圓心是原點，半徑為 1 的圓上

(3) 若 $n = 3$，即 $z^3 = 1$，它的三個根為（見圖 1-4）

$$z = 1^{1/3} = \{1 \cdot [\cos(2k\pi + 0) + i\sin(2k\pi + 0)]\}^{1/3}$$

$$= \cos(\frac{2k\pi}{3}) + i\sin(\frac{2k\pi}{3})$$

即三個根為 1，$\omega = \dfrac{-1+\sqrt{3}i}{2}$，$\omega^2 = \dfrac{-1-\sqrt{3}i}{2}$

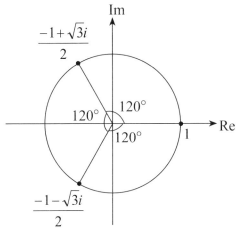

圖 1-4 $z^3 = 1$ 的三個根平均分佈在半徑 = 1 的圓上

例 8 (1)(a) 求 $z^6 = -64$ 的所有解，(b) 將 (a) 的所有解畫在複數平面上

(2) (a) 求 $(-1+\sqrt{3}i)^{1/4}$ 的所有解，(b) 將 (a) 的所有解畫在複數平面上

(3) 求 $-15 - 8i$ 的平方根

(4) 求 $z^2 - 3z + (6+2i) = 0$ 的所有解

做法 (1) $z^n = r(\cos\theta + i\sin\theta)$

$$\Rightarrow z = r^{\frac{1}{n}}\left[\cos\frac{2k\pi+\theta}{n} + i\sin\frac{2k\pi+\theta}{n}\right]$$

(2) 求 $a + bi$ 的 n 次方根，可先將 $a + bi$ 化成 $r(\cos\theta +$

$i\sin\theta)$ 再解

(3) $az^2 + bz + c = 0$ 還是可用一元二次方程式公式

$z = \dfrac{-b\pm\sqrt{b^2 - 4ac}}{2a}$ 來解

解 (1) (a) $z^6 = 64(-1 + 0i) = 2^6[\cos(2k\pi + \pi) + i\sin(2k\pi + \pi)]$

$\Rightarrow z = 2[\cos(\dfrac{2k\pi + \pi}{6}) + i\sin(\dfrac{2k\pi + \pi}{6})]$，$k = 0$ 到 5

z 的 6 個解為：

$k = 0 \Rightarrow z_1 = 2(\cos\dfrac{\pi}{6} + i\sin\dfrac{\pi}{6}) = \sqrt{3} + i$

$k = 1 \Rightarrow z_2 = 2(\cos\dfrac{3\pi}{6} + i\sin\dfrac{3\pi}{6}) = 0 + 2i$

$k = 2 \Rightarrow z_3 = 2(\cos\dfrac{5\pi}{6} + i\sin\dfrac{5\pi}{6}) = -\sqrt{3} + i$

$k = 3 \Rightarrow z_4 = 2(\cos\dfrac{7\pi}{6} + i\sin\dfrac{7\pi}{6}) = -\sqrt{3} - i$

$k = 4 \Rightarrow z_5 = 2(\cos\dfrac{9\pi}{6} + i\sin\dfrac{9\pi}{6}) = 0 - 2i$

$k = 5 \Rightarrow z_6 = 2(\cos\dfrac{11\pi}{6} + i\sin\dfrac{11\pi}{6}) = \sqrt{3} - i$

(b) 六個根在圓半徑為 2 的圓上，每個根相隔 $60°$

（即圓有 $360°$，分成 6 等分，每等分 $60°$）

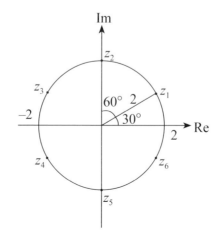

(2) (a) $z^4 = (-1 + \sqrt{3}i) = 2(\frac{-1}{2} + \frac{\sqrt{3}}{2}i)$

$$= 2[\cos(2k\pi + \frac{2\pi}{3}) + i\sin(2k\pi + \frac{2\pi}{3})] \, (第2象限)$$

$$\Rightarrow z = 2^{\frac{1}{4}}[\cos(\frac{2k\pi + \frac{2\pi}{3}}{4}) + i\sin(\frac{2k\pi + \frac{2\pi}{3}}{4})] \, , \, k = 0 \, 到 \, 3$$

z 的 4 個解為：

$$k = 0 \Rightarrow z_1 = 2^{\frac{1}{4}}[\cos(\frac{\frac{2\pi}{3}}{4}) + i\sin(\frac{\frac{2\pi}{3}}{4})] = 2^{\frac{1}{4}}[\cos\frac{\pi}{6} + i\sin\frac{\pi}{6}]$$

$$= 2^{\frac{-3}{4}}(\sqrt{3} + i)$$

$$k = 1 \Rightarrow z_2 = 2^{\frac{1}{4}}[\cos(\frac{\frac{8\pi}{3}}{4}) + i\sin(\frac{\frac{8\pi}{3}}{4})] = 2^{\frac{1}{4}}[\cos\frac{2\pi}{3} + i\sin\frac{2\pi}{3}]$$

$$= 2^{\frac{-3}{4}}(-1 + \sqrt{3}i)$$

$$k = 2 \Rightarrow z_3 = 2^{\frac{1}{4}}[\cos(\frac{\frac{14\pi}{3}}{4}) + i\sin(\frac{\frac{14\pi}{3}}{4})]$$

$$= 2^{\frac{1}{4}}[\cos\frac{7\pi}{6} + i\sin\frac{7\pi}{6}] = 2^{\frac{-3}{4}}(-\sqrt{3} - i)$$

$$k = 3 \Rightarrow z_4 = 2^{\frac{1}{4}}[\cos(\frac{\frac{20\pi}{3}}{4}) + i\sin(\frac{\frac{20\pi}{3}}{4})] = 2^{\frac{-3}{4}}(1 - \sqrt{3}i)$$

(b) 四個根在圓半徑為 $2^{\frac{1}{4}}$ 圓上，每個根相隔 $90°$

（即每等分 $90°$）

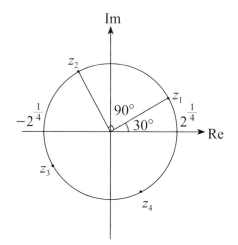

(3) $z^2 = -15 - 8i = 17(\cos\phi + i\sin\phi)$ ，

其中 $\cos\phi = \dfrac{-15}{17}$ ， $\sin\phi = \dfrac{-8}{17}$

$\Rightarrow z = \sqrt{17}[\cos\dfrac{2k\pi + \phi}{2} + i\sin\dfrac{2k\pi + \phi}{2}]$

z 的 2 個解為：

$k = 0 \Rightarrow z_1 = \sqrt{17}[\cos\dfrac{\phi}{2} + i\sin\dfrac{\phi}{2}]$

$k = 1 \Rightarrow z_2 = \sqrt{17}[\cos\dfrac{2\pi + \phi}{2} + i\sin\dfrac{2\pi + \phi}{2}]$

$\qquad = \sqrt{17}[-\cos\dfrac{\phi}{2} - i\sin\dfrac{\phi}{2}]$

又 $\cos\dfrac{\phi}{2} = \pm\sqrt{\dfrac{1 + \cos\phi}{2}} = \pm\sqrt{\dfrac{1 - (15/17)}{2}} = \pm\dfrac{1}{\sqrt{17}}$

$\sin\dfrac{\phi}{2} = \pm\sqrt{\dfrac{1 - \cos\phi}{2}} = \pm\sqrt{\dfrac{1 + (15/17)}{2}} = \pm\dfrac{4}{\sqrt{17}}$

因 ϕ 在第三象限 $\Rightarrow \phi/2$ 在第二象限

所以 $\cos\dfrac{\phi}{2} = -\dfrac{1}{\sqrt{17}}$，$\sin\dfrac{\phi}{2} = \dfrac{4}{\sqrt{17}}$

$\Rightarrow z_1 = -1 + 4i$，$z_2 = 1 - 4i$

(4) $z^2 - 3z + (6+2i) = 0$（代一元二次方程式公式）

$\Rightarrow z = \dfrac{3 \pm \sqrt{(-3)^2 - 4(6+2i)}}{2 \cdot 1}$

$\Rightarrow z = \dfrac{3 \pm \sqrt{-15 - 8i}}{2}$ ··· (A)

由第 (3) 題知，$\sqrt{-15-8i}$ 的二解為

$z_1 = -1 + 4i$，$z_2 = 1 - 4i$（代入 (A) 式）

所以 $z = 1 + 2i$ 或 $2 - 2i$

練習題

1. 求下列算式的結果

(1) $3(-1 + 4i) - 2(7 - i)$；(2) $(4 + i)(3 + 2i)(1 - i)$；

(3) $\dfrac{i^4 + i^9 + i^{16}}{2 - i^5 + i^{10} - i^{15}}$；(4) $3\left(\dfrac{1+i}{1-i}\right)^2 - 2\left(\dfrac{1-i}{1+i}\right)^3$

答 (1) $-17 + 14i$；(2) $21 + i$；(3) $2 + i$；(4) $-3 - 2i$

2. 若 $z_1 = 1 - i$，$z_2 = -2 + 4i$，$z_3 = \sqrt{3} - 2i$，求下列算式的結果

(1) $z_1^2 + 2z_1 - 3$；(2) $|z_1\overline{z_2} + z_2\overline{z_1}|$；

(3) $\left|\dfrac{z_1 + z_2 + 1}{z_1 - z_2 + i}\right|$；(4) $\overline{(z_2 + z_3)(z_1 - z_3)}$；

(5) $\text{Re}(2z_1^3 + 3z_2^2 - 5z_3^2)$

答 (1) $-1-4i$；(2) 12；(3) 3/5；(4) $-7+3\sqrt{3}+\sqrt{3}i$；

    (5) -35

3. 若 $2x-3iy+4ix-2y-5-10i=(x+y+2)-(y-x+3)i$，

求 x, y 之值

答 $x=1, y=-2$

4. 將下列的複數值以極坐標表示法表示之：

(1) $2-2i$；(2) $-1+\sqrt{3}i$；

(3) $-i$；(4) -4

答 (1) $2\sqrt{2}e^{7\pi i/4}$；(2) $2e^{2\pi i/3}$；(3) $e^{3\pi i/2}$；(4) $4e^{\pi i}$

5. 求下列算式的結果：

(1) $5e^{i20^\circ}\cdot 3e^{i40^\circ}$；(2) $(2e^{i50^\circ})^6$；

(3) $\dfrac{(8e^{i40^\circ})^3}{(2e^{i60^\circ})^4}$；(4) $(\dfrac{\sqrt{3}-i}{\sqrt{3}+i})^4(\dfrac{1+i}{1-i})^5$

答 (1) $\dfrac{15}{2}+\dfrac{15\sqrt{3}}{2}i$；(2) $32-32\sqrt{3}i$；(3) $-16-16\sqrt{3}i$；

    (4) $\dfrac{-\sqrt{3}}{2}-\dfrac{1}{2}i$

6. 求下列算式的結果

(1) $(2\sqrt{3}-2i)^{1/2}$；(2) $(-4+4i)^{1/5}$；

(3) $(2+2\sqrt{3}i)^{1/3}$；(4) $(i)^{2/3}$

答 (1) $2e^{11\pi i/12}$，$2e^{23\pi i/12}$；

    (2) $\sqrt{2}(\cos\dfrac{2k\pi+\dfrac{3\pi}{4}}{5}+i\sin\dfrac{2k\pi+\dfrac{3\pi}{4}}{5})$，$k=0$ 到 4；

    (3) $\sqrt[3]{4}(\cos\dfrac{2k\pi+\dfrac{\pi}{3}}{3}+i\sin\dfrac{2k\pi+\dfrac{\pi}{3}}{3})$，$k=0$ 到 2；

$$(4)\,(\cos\frac{2k\pi+\pi}{3}+i\sin\frac{2k\pi+\pi}{3})\,,\,k=0 \text{ 到 } 2 ;$$

7. 求 $5-12i$ 的平方根

   答 $3-2i$，$-3+2i$

8. 求下列方程式的解

   (1) $5z^2 + 2z + 10 = 0$；(2) $z^2 + (i-2)z + (3-i) = 0$

   答 (1) $(-1\pm7i)/5$；(2) $1+i,\, 1-2i$

9. 求下列算式的結果

   (1) 1 的 4 次方根；(2) 1 的 7 次方根

   答 (1) $e^{2k\pi i/4}$, $k=0$ 到 3；(2) $e^{2k\pi i/7}$, $k=0$ 到 6

第 2 章　複數函數

本章將介紹複數函數簡介、常見的複數函數和反函數。

2.1　複數函數簡介

---

1. 【**複數函數與實數函數**】大多數的複數函數的性質和實數函數相似，也就是實數函數有的性質，複數函數亦有。

2. 【**複數函數**】設 z 為一複數，若有一對應關係使得 z 可以對應到一個或多個複數值 w，即 $w = f(z)$，則此對應方式的 f 稱為函數。其中變數 z 稱為獨立變數，w 稱為因變數。

3. 【**單值與多值函數**】函數 $w = f(z)$ 中，
   (1) 若每一個 z 值只得到一個 w 值，則此函數稱為單值函數；
   (2) 若一個 z 值有多個 w 值與之對應，則此函數稱為多值函數。

   （註：實數函數一個 z 值不能對應到多個 w 值）

4. 【**函數表示法**】在函數 $w = f(z)$ 中，若 $z = x + iy$、$w = u + iv$，因 u, v 的值會隨著 x, y 值的改變而改變，所以可將 f 函數寫成

   $$w = f(z) = f(x + iy) = u(x, y) + iv(x, y)$$

例 1　令 $w = f(z) = z^2 + 2z + 3$，求 (a) $z = 2 + i$，(b) $z = 1 - 2i$，所對應的 w 解

做法　將 z 值代入 $f(z)$ 內，再求其值

解　(a) $z = 2 + i \Rightarrow w = f(2 + i) = (2 + i)^2 + 2(2 + i) + 3$
$$= (4 + 4i - 1) + (4 + 2i) + 3 = 10 + 6i$$

(b) $z = 1 - 2i \Rightarrow w = f(1 - 2i) = (1 - 2i)^2 + 2(1 - 2i) + 3$
$$= 2 - 8i$$

2.2 常見的複數函數

5. 【多項式函數】設 z 為一複數，若

$$f(z) = a_0 + a_1 z + a_2 z^2 + \cdots + a_n z^n$$

其中 $a_0, \cdots, a_n$ 為複數且 $a_n \neq 0$，則稱 $f(z)$ 是 z 的 n 次多項式。

6. 【指數函數】

(1) 設 $z = x + iy$ 為一複數，則

$$w = e^z = e^{x+iy} = e^x (\cos y + i \sin y)$$

稱為指數函數（註：e^z 也可寫成 $\exp z$）。

(2) 若 z_1, z_2 為二複數，則

(a) $e^{z_1 + z_2} = e^{z_1} \cdot e^{z_2}$

(b) e^z 為一週期函數，其週期是 $2\pi i$，即 $e^{z+2\pi i} = e^z$

（註：$e^{z+2\pi i} = e^z \cdot e^{2\pi i} = e^z (\cos 2\pi + i \sin 2\pi) = e^z$）

7. 【三角函數】

(1) 和實係數三角函數相同，複數三角函數也有：$\sin z$、$\cos z$、$\tan z$、$\cot z$、$\sec z$ 和 $\csc z$ 等六個。

(2) 因 $e^{iz} = \cos z + i \sin z$、$e^{-iz} = \cos z - i \sin z$，所以

$$\sin z = \frac{1}{2i}(e^{iz} - e^{-iz})$$

$$\cos z = \frac{1}{2}(e^{iz} + e^{-iz})$$

$$\tan z = \frac{\sin z}{\cos z} = \frac{e^{iz} - e^{-iz}}{i(e^{iz} + e^{-iz})}$$

$$\cot z = \frac{\cos z}{\sin z} = \frac{i(e^{iz} + e^{-iz})}{e^{iz} - e^{-iz}}$$

$$\sec z = \frac{1}{\cos z} = \frac{2}{e^{iz} + e^{-iz}}$$

$$\csc z = \frac{1}{\sin z} = \frac{2i}{e^{iz} - e^{-iz}}$$

8. 【三角恆等式】和實係數三角函數相同，複數三角函數也有下列性質：

(1) $\sin^2 z + \cos^2 z = 1$；(2) $1 + \tan^2 z = \sec^2 z$

(3) $1 + \cot^2 z = \csc^2 z$；(4) $\sin(-z) = -\sin z$

(5) $\cos(-z) = \cos z$； (6) $\tan(-z) = -\tan z$

(7) $\sin(z_1 \pm z_2) = \sin z_1 \cos z_2 \pm \sin z_2 \cos z_1$

(8) $\cos(z_1 \pm z_2) = \cos z_1 \cos z_2 \mp \sin z_1 \sin z_2$

(9) $\tan(z_1 \pm z_2) = \dfrac{\tan z_1 \pm \tan z_2}{1 \mp \tan z_1 \tan z_2}$

9. 【雙曲線函數】和實係數雙曲線函數相同，複數雙曲線函數也有：$\sinh z$、$\cosh z$、$\tanh z$、$\coth z$、$\sec hz$ 和 $\csc hz$ 等六個。其中：（註：$\sinh z$ 和 $\cosh z$ 的值是定義出來的）

$$\sinh z \triangleq \frac{1}{2}(e^z - e^{-z}) \qquad ; \cosh z \triangleq \frac{1}{2}(e^z + e^{-z})$$

$$\tanh z \triangleq \frac{\sinh z}{\cosh z} = \frac{e^z - e^{-z}}{e^z + e^{-z}} ; \coth z \triangleq \frac{\cosh z}{\sinh z} = \frac{e^z + e^{-z}}{e^z - e^{-z}}$$

$$\sec hz \triangleq \frac{1}{\cosh z} = \frac{2}{e^z + e^{-z}} ; \csc hz \triangleq \frac{1}{\sinh z} = \frac{2}{e^z - e^{-z}}$$

10. 【雙曲線函數等式】和實係數雙曲線函數相同，複數雙曲線函數也有下列性質：

(1) $\cosh^2 z - \sinh^2 z = 1$； (2) $1 - \tanh^2 z = \sec h^2 z$

(3) $\coth^2 z - 1 = \csc h^2 z$；　(4) $\sinh(-z) = -\sinh z$

(5) $\cosh(-z) = \cosh z$；　　(6) $\tanh(-z) = -\tanh z$

(7) $\sinh(z_1 \pm z_2) = \sinh z_1 \cosh z_2 \pm \sinh z_2 \cosh z_1$

(8) $\cosh(z_1 \pm z_2) = \cosh z_1 \cosh z_2 \pm \sinh z_1 \sinh z_2$

(9) $\tanh(z_1 \pm z_2) = \dfrac{\tanh z_1 \pm \tanh z_2}{1 \pm \tanh z_1 \tanh z_2}$

11.【三角函數和雙曲線函數的等式】複數三角函數和複數雙曲線函數有下列性質：（註：實係數的三角函數和雙曲線函數無任何關連性）

(1) $\sin(iz) = i \sinh z$；(2) $\cos(iz) = \cosh z$；(3) $\tan(iz) = i \tanh z$

(4) $\sinh(iz) = i \sin z$；(5) $\cosh(iz) = \cos z$；(6) $\tanh(iz) = i \tan z$

例2　證明：(a) $\sin^2 z + \cos^2 z = 1$；

(b) $\sin(z_1 + z_2) = \sin z_1 \cos z_2 + \sin z_2 \cos z_1$

(c) $\cos z = \cos x \cosh y - i \sin x \sinh y$

做法　要求複數三角函數或雙曲線函數，大多要先化成 e^z 再解，而 $z = x + iy$

解　(a) 因 $\sin z = \dfrac{1}{2i}(e^{iz} - e^{-iz})$，$\cos z = \dfrac{1}{2}(e^{iz} + e^{-iz})$

$\Rightarrow \sin^2 z + \cos^2 z$

$= \dfrac{1}{4i^2}(e^{i2z} - 2 + e^{-i2z}) + \dfrac{1}{4}(e^{i2z} + 2 + e^{-i2z})$

$= \dfrac{-1}{4}(e^{i2z} - 2 + e^{-i2z}) + \dfrac{1}{4}(e^{i2z} + 2 + e^{-i2z}) = 1$

(b) $\sin(z_1 + z_2) = \dfrac{1}{2i}\left[e^{i(z_1 + z_2)} - e^{-i(z_1 + z_2)}\right]$

$$= \frac{1}{2i}\left[e^{iz_1} \cdot e^{iz_2} - e^{-iz_1} \cdot e^{-iz_2}\right] \cdots\cdots\cdots\cdots\cdots (1)$$

因 $e^{iz} = \cos z + i \sin z$、$e^{-iz} = \cos z - i \sin z$

$$\Rightarrow (1) = \frac{1}{2i}[(\cos z_1 + i \sin z_1)(\cos z_2 + i \sin z_2)$$

$$- (\cos z_1 - i \sin z_1)(\cos z_2 - i \sin z_2)]$$

$$= \sin z_1 \cos z_2 + \sin z_2 \cos z_1$$

(c) $\cos z = \dfrac{1}{2}(e^{iz} + e^{-iz}) = \dfrac{1}{2}(e^{ix-y} + e^{-ix+y}) = \dfrac{1}{2}(e^{-y+ix} + e^{y-ix})$

$$= \frac{1}{2}[e^{-y}(\cos x + i \sin x) + e^{y}(\cos x - i \sin x)]$$

$$= \cos x \cdot \frac{e^{y} + e^{-y}}{2} - i \sin x \cdot \frac{e^{y} - e^{-y}}{2}$$

$$= \cos x \cosh y - i \sin x \sinh y$$

例 3 求 (a) $\sin z = 0$ 的 z 值

   (b) $\cos z = 0$ 的 z 值

做法 要求複數三角函數的值，大多先將三角函數改成 e^{z} 或 e^{-z}，再解

解 (a) $\sin z = 0 \Rightarrow \dfrac{1}{2i}(e^{iz} - e^{-iz}) = 0 \Rightarrow e^{iz} = e^{-iz}$

   $\Rightarrow e^{i2z} = 1 = e^{0+2k\pi i}$，其中 $k = 0,\ \pm 1,\ \pm 2, \cdots\cdots$

   $\Rightarrow i2z = 2k\pi i \Rightarrow z = k\pi$

   也就是 $\sin z = 0$ 的 z 根為 $z = k\pi$，

   其中 $k = 0,\ \pm 1,\ \pm 2, \cdots\cdots$

   (b) $\cos z = 0 \Rightarrow \dfrac{1}{2}(e^{iz} + e^{-iz}) = 0 \Rightarrow e^{iz} = -e^{-iz}$

$\Rightarrow e^{i2z} = -1 = e^{(2k+1)\pi i}$，其中 $k = 0,\ \pm 1,\ \pm 2,\cdots\cdots$

$\Rightarrow i2z = (2k+1)\pi i \Rightarrow z = (k+0.5)\pi$

也就是 $\cos z = 0$ 的 z 根為 $z = (k+0.5)\pi$，

其中 $k = 0,\ \pm 1,\ \pm 2,\cdots\cdots$

2.3 複數函數的反函數

12.【反函數】和實係數函數一樣，複數函數也有反函數。若 $w = f(z)$，則 $z = f^{-1}(w)$，函數 f^{-1} 稱為函數 f 的反函數。

13.【對數函數】

(1) 設 $z = e^w$ 為一指數函數，則 $w = \ln z$ 稱為 z 的自然對數函數，指數函數與對數函數互為反函數；

(2) 和實係數對數函數一樣，複數對數函數也有底下的性質：

(a) $\ln(z_1 z_2) = \ln z_1 + \ln z_2$

(b) $\ln(\dfrac{z_1}{z_2}) = \ln z_1 - \ln z_2$

(c) $z^a = e^{\ln z^a} = e^{a \ln z}$

(3) 若 $z = e^w = re^{i\theta}$，

因 $z = re^{i\theta} = r(\cos\theta + i\sin\theta)$，

$= r[\cos(2k\pi + \theta) + i\sin(2k\pi + \theta)]$，

所以其角度 $\arg(\theta) = 2k\pi + \theta$ 有無窮多個值，我們將其主值（角度在 $0 \le \theta < 2\pi$ 者）以 $\mathrm{Arg}(\theta)$ 表示（大寫 A），而主值 $\mathrm{Arg}(\theta)$ 所對應的自然對數值為 $\mathrm{Ln}(z)$（大寫 L）。

(4) $\ln z = \ln re^{i\theta} = \ln r + \ln e^{i\theta} = \ln r + \ln e^{i(2k\pi + \theta)}$

$= \ln r + i(2k\pi + \theta)$

也就是 $\ln z = \mathrm{Ln}\, z + i2k\pi$，其主值為 $\mathrm{Ln}\, z = \ln r + i\theta$（$k = 0$ 之值）

例 4 求 (1) $\ln 1$ 的值；(2) $\ln 1$ 的主值

做法 將 1 表示成極坐標來解

解 (a) $1 = \cos\theta + i\sin\theta \Rightarrow \cos\theta = 1$，$\sin\theta = 0$

$\Rightarrow \theta = 2k\pi + 0$

$\Rightarrow 1 = e^{i(2k\pi)} \Rightarrow \ln 1 = \ln e^{i(2k\pi)} = i(2k\pi)$

(b) 主值為 $k = 0$ 之值，$\ln 1$ 的主值即為 0

例5 求 $\ln(1 - i)$ 的主值

做法 將 $1 - i$ 表示成極坐標來解

解 $1 - i = \sqrt{2}(\dfrac{1}{\sqrt{2}} - \dfrac{1}{\sqrt{2}}i) = \sqrt{2}(\cos\theta + i\sin\theta)$

即 $\cos\theta = \dfrac{1}{\sqrt{2}}$，$\sin\theta = \dfrac{-1}{\sqrt{2}}$（第四象限）$\Rightarrow \theta = \dfrac{7}{4}\pi$

$1 - i = \sqrt{2}e^{i(2k\pi + \frac{7}{4}\pi)} \Rightarrow \ln(1 - i) = \ln\sqrt{2} + i(2k\pi + \dfrac{7}{4}\pi)$

主值為 $k = 0$ 之值，即 $\ln\sqrt{2} + i\dfrac{7}{4}\pi$

例6 求 i^i 的主值

做法 求 $f(z)^{g(z)}$ 之值通常會將它化成 $e^{\ln f(z)^{g(z)}} = e^{g(z)\ln f(z)}$ 來解

解 $i^i = e^{\ln i^i} = e^{i\ln i}$

因 $i = \cos(2k\pi + \pi/2) + i\sin(2k\pi + \pi/2) = e^{i(2k\pi + \pi/2)}$

$\Rightarrow e^{i\ln i} = e^{i\ln e^{i(2k\pi + \pi/2)}} = e^{i\cdot i(2k\pi + \pi/2)} = e^{-(2k\pi + \pi/2)}$

主值為 $k = 0$ 之值，即 $e^{-\pi/2}$

14.【反三角函數】若 $z = \sin w$，則 $w = \sin^{-1} z$，稱為反正弦函數。反三角函數值為：

(1) $\sin^{-1} z = \dfrac{1}{i}\ln(iz + \sqrt{1-z^2})$; (2) $\cos^{-1} z = \dfrac{1}{i}\ln(z + \sqrt{z^2-1})$

(3) $\tan^{-1} z = \dfrac{1}{2i}\ln(\dfrac{1+iz}{1-iz})$; (4) $\cot^{-1} z = \dfrac{1}{2i}\ln(\dfrac{z+i}{z-i})$

(5) $\sec^{-1} z = \dfrac{1}{i}\ln(\dfrac{1+\sqrt{1-z^2}}{z})$; (6) $\csc^{-1} z = \dfrac{1}{i}\ln(\dfrac{i+\sqrt{z^2-1}}{z})$

以上的反三角函數是多值函數，上面公式省去 $+2k\pi$，$k \in Z$（整數）

例 7 若 $z = \sin w$，試證 $\sin^{-1} z = \dfrac{1}{i}\ln(iz + \sqrt{1-z^2})$，

做法 求反三角函數，大多是將它改成指數的形式來解

證明：$z = \sin w = \dfrac{e^{iw} - e^{-iw}}{2i}$

$\Rightarrow e^{iw} - 2iz - e^{-iw} = 0$（同乘 e^{iw}）

$\Rightarrow e^{2iw} - 2ize^{iw} - 1 = 0$

$\Rightarrow e^{iw} = \dfrac{2iz \pm \sqrt{4 - 4z^2}}{2} = iz \pm \sqrt{1-z^2}$

（因 $\sqrt{1-z^2}$ 是雙值函數，取 + 號即可）

$\Rightarrow e^{iw} = iz + \sqrt{1-z^2}$（二邊取 $\ln$，再除以 i）

$\Rightarrow w = \sin^{-1} z = \dfrac{1}{i}\ln(iz + \sqrt{1-z^2})$

註：其他反三角函數同理可證

15.【反雙曲線函數】若 $z = \sinh w$，則 $w = \sinh^{-1} z$，稱爲反雙曲線正弦函數，反雙曲線函數值爲：

(1) $\sinh^{-1} z = \ln(z + \sqrt{z^2 + 1})$；(2) $\cosh^{-1} z = \ln(z + \sqrt{z^2 - 1})$

(3) $\tanh^{-1} z = \dfrac{1}{2}\ln(\dfrac{1+z}{1-z})$；   (4) $\coth^{-1} z = \dfrac{1}{2}\ln(\dfrac{z+1}{z-1})$

(5) $\sec h^{-1} z = \ln(\dfrac{1+\sqrt{1-z^2}}{z})$；(6) $\csc h^{-1} z = \ln(\dfrac{1+\sqrt{z^2+1}}{z})$

以上的反雙曲線函數是多值函數，上面公式省去 $+2k\pi$，$k \in Z$（整數）

例 8 若 $z = \sinh w$，試證 $\sinh^{-1} z = \ln(z + \sqrt{z^2 + 1})$

做法 求反雙曲線函數，大多是將它改成指數的形式來解

證明：$z = \sinh w = \dfrac{e^w - e^{-w}}{2}$

$\Rightarrow e^w - 2z - e^{-w} = 0$

$\Rightarrow e^{2w} - 2ze^w - 1 = 0$

$\Rightarrow e^w = \dfrac{2z \pm \sqrt{4z^2 + 4}}{2} = z \pm \sqrt{z^2 + 1}$

（因 $\sqrt{z^2+1}$ 是雙值函數，可省去減號）

$\Rightarrow e^w = z + \sqrt{z^2 + 1}$（二邊取 $\ln$）

$\Rightarrow w = \sinh^{-1} z = \ln(z + \sqrt{z^2 + 1})$

註：其他反雙曲線函數同理可證

練習題

1. 若 $w = f(z) = z(2-z)$，求下列算式的 w 值

   (1) $z = 1 + i$；(2) $z = 2 - 2i$；

   答 (1) 2；(2) $4 + 4i$

2. 若 $w = u + iv = f(z) = f(x + iy)$，求下列算式的 u 和 v 值

   (1) $f(z) = 2z^2 - 3iz$；(2) $f(z) = z + 1/z$；

   答 (1) $u = 2x^2 - 2y^2 + 3y$，$v = 4xy - 3x$；

   (2) $u = x + x/(x^2 + y^2)$，$v = y - y/(x^2 + y^2)$

3. 求下列的 z 值

   (1) $e^{3z} = 1$；(2) $e^{4z} = i$；

   答 (1) $\dfrac{2k\pi i}{3}$, $k = 0, \pm 1, \pm 2, \cdots\cdots$；

   (2) $\dfrac{\pi i}{8} + \dfrac{k\pi i}{2}$, $k = 0, \pm 1, \pm 2, \cdots\cdots$

4. 若 $w = u + iv = f(z) = f(x + iy)$，求下列算式的 u 和 v 值

   (1) $f(z) = e^{3iz}$；(2) $f(z) = \cos z$；

   答 (1) $u = e^{-3y} \cos 3x$，$v = e^{-3y} \sin 3x$；

   (2) $u = \cos x \cosh y$，$v = -\sin x \sinh y$；

5. 求下列的 z 值

   (1) $4\sinh(\pi i/3)$；(2) $\cosh(\pi i/2)$；

   答 (1) $2\sqrt{3}i$；(2) 0

6. 求下列的值和主值

   (1) $\ln(-4)$；(2) $\ln(3i)$；

   答 (1) $2\ln 2 + (\pi + 2k\pi)i$，主值 $= 2\ln 2 + \pi i$；

   (2) $\ln 3 + (\pi/2 + 2k\pi)i$，主值 $= \ln 3 + \pi i/2$；

7. 求 $(1+i)^i$ 的值

答 $e^{\frac{-\pi}{4}+2k\pi}[\cos(\frac{\ln 2}{2})+i\sin(\frac{\ln 2}{2})]$

第 3 章　複數微分與柯西—黎曼方程式

　　本章將介紹複數的極限、連續性、複數函數的導數和基本複數函數的微分。

3.1　極限

1. 【開鄰域與閉鄰域】若點 z, a 爲複數，ρ, ρ_1, ρ_2 爲一正實數，且 $\rho_1 < \rho_2$，則（見圖 3-1）

   (1) 滿足 $|z - a| < \rho$ 的所有的區域（所有的 z 值），稱爲 z 的「開鄰域」（open neighborhood）（註：以 a 點爲圓心，ρ 爲半徑的圓，但圓的邊界不在此區域內）

   (2) 滿足 $|z - a| \leq \rho$ 的所有的區域（所有的 z 值），稱爲 z 的「閉鄰域」（closed neighborhood）（註：以 a 點爲圓心，ρ 爲半徑的圓，且圓的邊界在此區域內）

   (3) 滿足 $\rho_1 < |z - a| < \rho_2$ 的所有的區域（所有的 z 值），稱爲 z 的「開圓環鄰域」（open annulus neighborhood）（註：圓環的邊界不在此區域內）

   (4) 滿足 $\rho_1 \leq |z - a| \leq \rho_2$ 的所有的區域（所有的 z 值），稱爲 z 的「閉圓環鄰域」（closed annulus neighborhood）（註：圓環的邊界在此區域內）

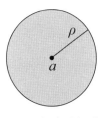 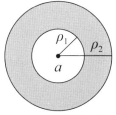

(a) 開（閉）鄰域　　(b) 圓環鄰域

圖 3-1　鄰域圖

2. 【**極限的意義**】極限的觀念是發展微積分的一個重要的基礎。極限常以「→」表示趨近的意思，例如：$z \to z_0$，表示 z 趨近於 z_0。

3. 【**極限的表示法**】設複數函數 $f(z)$ 在 $z = z_0$ 的鄰域是單值函數，當「z 趨近於 z_0」時，「函數 $f(z)$ 的極限為 L」，記作：$\lim\limits_{z \to z_0} f(z) = L$。

4. 【**極限的性質**】底下是極限的一些性質：

若 $\lim\limits_{z \to z_0} f(z) = L$，且 $\lim\limits_{z \to z_0} g(z) = M$，則

(a) $\lim\limits_{z \to z_0} [f(z) + g(z)] = L + M$。

(b) $\lim\limits_{z \to z_0} [f(z) \times g(z)] = L \times M$。

(c) 若 $\lim\limits_{z \to z_0} g(z) = M\,(M \neq 0)$，則 $\lim\limits_{z \to z_0} \left[\dfrac{f(z)}{g(z)} \right] = \dfrac{L}{M}$。

例 1 求下列極限之值

(a) $\lim\limits_{z \to 2+i} (z^2 + 2z + 3)$

(b) $\lim\limits_{z \to 2i} \dfrac{2z^2 + z - 3}{z^2 - 2z + 4}$

(c) $\lim\limits_{z \to i} \dfrac{3z^4 - 2z^3 + 8z^2 - 2z + 5}{z - i}$

做法 $f(z)$ 的 z 用「趨近值」代入；若分母為 0，要先約分，否則無解

解 (a) $\lim\limits_{z \to 2+i} (z^2 + 2z + 3) = (2 + i)^2 + 2(2 + i) + 3 = 10 + 6i$

(b) $\lim\limits_{z \to 2i} \dfrac{2z^2 + z - 3}{z^2 - 2z + 4} = \dfrac{2(2i)^2 + 2i - 3}{(2i)^2 - 2 \cdot 2i + 4}$

$$= \frac{-11+2i}{-4i} = \frac{-2-11i}{4}$$

(c) 因 $3z^4 - 2z^3 + 8z^2 - 2z + 5$

$$= (z-i)[3z^3 - (2-3i)z^2 + (5-2i)z + 5i] \text{（用長除法算）}$$

所以原式 $= \lim_{z \to i} [3z^3 - (2-3i)z^2 + (5-2i)z + 5i]$

$$= 3i^3 - (2-3i)i^2 + (5-2i)i + 5i$$

$$= 4 + 4i$$

（註：若分子沒有 $(z-i)$ 的因式，則此題答案為無窮大）

3.2　連續性

5. 【連續性的定義】設複數函數 $f(z)$ 在 $z = z_0$ 的鄰域是單值
函數，且函數 $f(z_0)$ 有定義，若函數 $f(z)$ 滿足下列二個條
件：

(1) $\lim\limits_{z \to z_0} f(z)$ 存在

(2) $\lim\limits_{z \to z_0} f(z) = f(z_0)$

則稱 $f(z)$ 在 $z = z_0$ 處連續。

6. 【連續函數的性質】若複數函數 $f(z)$ 和 $g(z)$ 二函數在
$z = z_0$ 處均連續，則：

(a) $f(z) + g(z)$ 和 $f(z) - g(z)$ 在 $z = z_0$ 處也連續；

(b) $f(z) \cdot g(z)$ 在 $z = z_0$ 處也連續；

(c) 若 $g(z_0) \neq 0$，則 $\dfrac{f(x)}{g(x)}$ 在 $z = z_0$ 處也連續。

例2　請問下列函數是否連續

(a) $f(z) = \dfrac{z^2 + 2z + 1}{z + 1}$

(b) $f(z) = \begin{cases} \dfrac{z^2 + 1}{z - i} & \text{，當} z \neq i \\ 2i & \text{，當} z = i \end{cases}$

做法　連續函數要滿足第 5 點說明的二個條件

解　(a) 不連續，因在 $z = -1$ 處沒定義（即 $f(-1)$ 不存在）

(b) 連續，因在 $z \to i$ 處，$\dfrac{z^2 + 1}{z - i} = z + i \big|_{z = i} = 2i$

且 $f(i) = 2i$

例3 請問下列函數在何處連續？

(a) $f(z) = \dfrac{z^2 + 2z + 1}{z^2 + 1}$

(b) $f(z) = \tan z$

解 (a) $f(z) = \dfrac{z^2 + 2z + 1}{z^2 + 1} = \dfrac{z^2 + 2z + 1}{(z+i)(z-i)}$

因 $z = \pm i$ 時，分母為 0，所以 $f(z)$ 除了 $z = \pm i$ 二點外，其餘的點均連續

(b) $f(z) = \tan z = \dfrac{\sin z}{\cos z}$，因 $z = k\pi + \dfrac{\pi}{2}$（$k$ 為整數）時，分母 $\cos z$ 為 0，所以 $f(z)$ 除了 $z = k\pi + \dfrac{\pi}{2}$ 點外，其餘的點均連續

3.3　複數函數的導數

> 7.【複數函數的導數】若複數函數 $f(z)$ 在區域 R 內是單值函
> 數，則複數函數 $f(z)$ 的導數表示成 $f'(z)$，其定義為
>
> $$f'(z) = \lim_{\Delta z \to 0} \frac{f(z + \Delta z) - f(z)}{\Delta z}$$
>
> 若此極限存在且與 $\Delta z \to 0$ 的路徑無關，則稱 $f(z)$ 在點 z
> 處可微分，記成
>
> $$f'(z) = \frac{df(z)}{dz}$$
>
> 註：(1) 因 $z = x + iy$，不管 $\Delta z = \Delta x + i\Delta y$ 沿著哪條路徑趨
> 　　　　近 0，上式的極限都要趨近一個固定值，$f(z)$ 才
> 　　　　是在 z 點處可微分，此觀念很重要
> 　　　(2)「微分」是一個動作，「導數」是一個值（微分
> 　　　　的結果）
>
> 8.【解析函數】若複數函數 $f(z)$ 在區域 R 內的所有點都有定
> 義且可以微分，則函數 $f(z)$ 在區域 R 內是一個解析函數
> （analytic function）

例 4　利用定義求 $f(z) = z^2 + 1$ 的導數

解　$f'(z) = \lim\limits_{\Delta z \to 0} \dfrac{f(z + \Delta z) - f(z)}{\Delta z} = \lim\limits_{\Delta z \to 0} \dfrac{[(z + \Delta z)^2 + 1] - [z^2 + 1]}{\Delta z}$

$\qquad = \lim\limits_{\Delta z \to 0} \dfrac{2z \cdot \Delta z + (\Delta z)^2}{\Delta z} = \lim\limits_{\Delta z \to 0} (2z + \Delta z) = 2z$

例 5　利用定義證明 $f(z) = \bar{z}$ 的導數不存在（即不可解析）

解　令 $z = x + iy \Rightarrow \Delta z = \Delta x + i\Delta y$

$$f'(z) = \lim_{\Delta z \to 0} \frac{f(z + \Delta z) - f(z)}{\Delta z} = \lim_{\Delta z \to 0} \frac{\overline{z + \Delta z} - \bar{z}}{\Delta z}$$

$$= \lim_{\Delta z \to 0} \frac{\overline{x + iy + \Delta x + i\Delta y} - \overline{x + iy}}{\Delta x + i\Delta y}$$

$$= \lim_{\Delta z \to 0} \frac{x - iy + \Delta x - i\Delta y - (x - iy)}{\Delta x + i\Delta y} = \lim_{\Delta z \to 0} \frac{\Delta x - i\Delta y}{\Delta x + i\Delta y}$$

此極限要存在，其必須與 $\Delta z \to 0$ 的路徑無關

但當 $\Delta x = 0$，此極限為 $\displaystyle \lim_{\Delta y \to 0} \frac{-i\Delta y}{i\Delta y} = -1$

而當 $\Delta y = 0$，此極限為 $\displaystyle \lim_{\Delta x \to 0} \frac{\Delta x}{\Delta x} = 1$

此極限值與 $\Delta z \to 0$ 的路徑有關，

所以 $f(z) = \bar{z}$ 的導數不存在（也請參閱本章例 8）

例 6 請問 $f(z) = \dfrac{z^2 + 2z + 3}{z + 1}$ 那些點為非解析點

做法 不可微分的點為非解析點

解 $f(z)$ 在 $z = -1$ 點不連續，所以 $f(z)$ 在 $z = -1$ 點為非解析點

9.【柯西—黎曼方程式】

(1) 柯西—黎曼方程式（Cauchy-Riemann equation）是判斷複數函數是否為解析函數的一個重要性質。

(2) 在 $z = x + iy$ 的複數函數 $f(z) = u(x, y) + iv(x, y)$ 中，若 $u(x, y)$ 和 $v(x, y)$ 在區域 R 是連續且其一階偏導數存在，則 $f(z)$ 在區域 R 內皆可解析的充分且必要條件是

$$u_x = v_y \quad 且 \quad u_y = -v_x \cdots\cdots(a)$$

$$（或 \frac{\partial u}{\partial x} = \frac{\partial v}{\partial y} \quad 且 \quad \frac{\partial u}{\partial y} = -\frac{\partial v}{\partial x}）$$

（註：證明請參閱例 10）

(3) 其中 (a) 式稱為柯西—黎曼方程式

(4) 若 z 以極坐標表示，即 $z = r(\cos\theta + i\sin\theta)$ 且

　　$f(z) = u(r, \theta) + iv(r, \theta)$，則柯西—黎曼方程式變成

$$u_r = \frac{1}{r}v_\theta \quad 且 \quad v_r = -\frac{1}{r}u_\theta \cdots\cdots(b)$$

（註：證明請參閱例 11）

(5) $f(z)$ 表示成 z 的函數，如 $f(z) = \sin z + z + 1$，只要沒有 $\bar{z}$、$|z|$ 或分母不為 0 的函數，它大多會滿足柯西—黎曼方程式

(6) 若 $f(z) = u(x, y) + iv(x, y)$ 表示成 x, y 的函數，或 $f(z) = u(r, \theta) + iv(r, \theta)$ 表示成 r, θ 的函數，它要滿足柯西—黎曼方程式，它才是解析函數

例 7　設 $z = x + iy$，請問複數函數 $f(z) = z^2$ 是否在複平面的任何點 z 上都是可解析的。

做法　先將 $z = x + iy$ 代入，再看 $f(z)$ 是否滿足柯西—黎曼方程式

解　$f(z) = u(x, y) + iv(x, y) = f(x + iy) = (x + iy)^2$

　　　$= (x^2 - y^2) + 2xyi$

　　所以實部 $u(x, y) = x^2 - y^2$，虛部 $v(x, y) = 2xy$

　　$\dfrac{\partial u}{\partial x} = 2x$，$\dfrac{\partial v}{\partial y} = 2x$

　　$\dfrac{\partial u}{\partial y} = -2y$，$\dfrac{\partial v}{\partial x} = 2y$

因 $\dfrac{\partial u}{\partial x} = \dfrac{\partial v}{\partial y}$ 且 $\dfrac{\partial u}{\partial y} = -\dfrac{\partial v}{\partial x}$（滿足柯西—黎曼方程式）

所以對所有的 z，$f(z)$ 皆可解析

（註：同上面第 (5) 點說明，它是解析函數）

例 8　設 $z = x + iy$，請問複數函數 $f(z) = \bar{z}$ 是否在複平面的任何點 z 上都是可解析的。

解　$f(z) = u(x, y) + iv(x, y) \Rightarrow f(x + iy) = \overline{(x + iy)} = x - iy$

所以實部 $u(x, y) = x$，虛部 $v(x, y) = -y$

$\dfrac{\partial u}{\partial x} = 1$，$\dfrac{\partial v}{\partial y} = -1$

因 $\dfrac{\partial u}{\partial x} \neq \dfrac{\partial v}{\partial y}$（不滿足柯西—黎曼方程式）

所以 $f(z)$ 是不可解析（與本章例 5 一致）

（註：同上面第 (5) 點說明，它不是解析函數）

例 9　請問 $f(z) = u(x, y) + iv(x, y) = e^{-x}(\sin y + i \cos y)$ 是否為解析函數

做法　$f(z)$ 表示成 x, y 的函數時，它必須要滿足柯西—黎曼方程式，才是解析函數

解　$f(z) = u(x, y) + iv(x, y) = e^{-x}(\sin y + i \cos y)$

所以實部 $u(x, y) = e^{-x} \sin y$，虛部 $v(x, y) = e^{-x} \cos y$

$\dfrac{\partial u}{\partial x} = -e^{-x} \sin y$，$\dfrac{\partial v}{\partial y} = -e^{-x} \sin y$

$\dfrac{\partial u}{\partial y} = e^{-x} \cos y$，$\dfrac{\partial v}{\partial x} = -e^{-x} \cos y$

因 $\dfrac{\partial u}{\partial x} = \dfrac{\partial v}{\partial y}$ 且 $\dfrac{\partial u}{\partial y} = -\dfrac{\partial v}{\partial x}$（滿足柯西—黎曼方程式）

所以對所有的 z，$f(z)$ 皆可解析

例 10　試證柯西—黎曼方程式的充分條件，即 $z = x + iy$ 的複數函數 $f(z) = u(x, y) + iv(x, y)$ 在區域 R 內皆可解析的充分條件是

$$\frac{\partial u}{\partial x} = \frac{\partial v}{\partial y} \text{ 且 } \frac{\partial u}{\partial y} = -\frac{\partial v}{\partial x}$$

證明：$z = x + iy \Rightarrow \Delta z = \Delta x + i\Delta y$

$f(z)$ 在區域 R 內皆可解析，則其微分結果與 z 趨近的路徑無關，即

$$f'(z) = \lim_{\Delta z \to 0} \frac{f(z + \Delta z) - f(z)}{\Delta z}$$

$$= \lim_{\Delta z \to 0} \frac{[u(x + \Delta x, y + \Delta y) + iv(x + \Delta x, y + \Delta y)] - [u(x, y) + iv(x, y)]}{\Delta x + i\Delta y}$$

$$\cdots\cdots\cdots\cdots\cdots\cdots\cdots\cdots\cdots\cdots\cdots\cdots\cdots\cdots\cdots\cdots\cdots\text{(A)}$$

考慮下列二種 z 的趨近方式

(1) $\Delta x \to 0, \Delta y = 0$

$\text{(A) 式} = \lim_{\Delta x \to 0} \dfrac{[u(x + \Delta x, y) + iv(x + \Delta x, y)] - [u(x, y) + iv(x, y)]}{\Delta x}$

$= \lim_{\Delta x \to 0} \dfrac{u(x + \Delta x, y) - u(x, y)}{\Delta x} + \lim_{\Delta x \to 0} \dfrac{iv(x + \Delta x, y) - iv(x, y)}{\Delta x}$

$= \dfrac{\partial u}{\partial x} + i\dfrac{\partial v}{\partial x}$

(2) $\Delta x = 0, \Delta y \to 0$

$\text{(A) 式} = \lim_{\Delta y \to 0} \dfrac{[u(x, y + \Delta y) + iv(x, y + \Delta y)] - [u(x, y) + iv(x, y)]}{i\Delta y}$

$$= \lim_{\Delta y \to 0} \frac{u(x, y + \Delta y) - u(x, y)}{i\Delta y} + \lim_{\Delta y \to 0} \frac{iv(x, y + \Delta y) - iv(x, y)}{i\Delta y}$$

$$= \frac{1}{i} \frac{\partial u}{\partial y} + \frac{\partial v}{\partial y} = -i \frac{\partial u}{\partial y} + \frac{\partial v}{\partial y}$$

上面 (1) 的結果要等於 (2) 的結果，即

$$\frac{\partial u}{\partial x} + i \frac{\partial v}{\partial x} = -i \frac{\partial u}{\partial y} + \frac{\partial v}{\partial y}$$

$$\Rightarrow \frac{\partial u}{\partial x} = \frac{\partial v}{\partial y} \text{ 且 } \frac{\partial u}{\partial y} = -\frac{\partial v}{\partial x}$$

（註：此題目的必要條件證明省略）

例 11 試證若 z 以極坐標表示，即 $z = r(\cos\theta + i\sin\theta)$ 且

$f(z) = u(r, \theta) + iv(r, \theta)$，則

柯西—黎曼方程式變成 $u_r = \dfrac{1}{r} v_\theta$ 且 $v_r = -\dfrac{1}{r} u_\theta$

證明：利用 $x = r\cos\theta$，$y = r\sin\theta$，$\dfrac{\partial u}{\partial x} = \dfrac{\partial v}{\partial y}$，$\dfrac{\partial u}{\partial y} = -\dfrac{\partial v}{\partial x}$，得

$$\frac{\partial u}{\partial r} = \frac{\partial u}{\partial x} \cdot \frac{\partial x}{\partial r} + \frac{\partial u}{\partial y} \cdot \frac{\partial y}{\partial r} = \cos\theta \cdot \frac{\partial u}{\partial x} + \sin\theta \cdot \frac{\partial u}{\partial y}$$

$$= \cos\theta \cdot \frac{\partial v}{\partial y} - \sin\theta \cdot \frac{\partial v}{\partial x} \cdots\cdots(1)$$

$$\frac{\partial u}{\partial \theta} = \frac{\partial u}{\partial x} \cdot \frac{\partial x}{\partial \theta} + \frac{\partial u}{\partial y} \cdot \frac{\partial y}{\partial \theta} = -r\sin\theta \cdot \frac{\partial u}{\partial x} + r\cos\theta \cdot \frac{\partial u}{\partial y}$$

$$= -r\sin\theta \cdot \frac{\partial v}{\partial y} - r\cos\theta \cdot \frac{\partial v}{\partial x} \cdots\cdots(2)$$

$$\frac{\partial v}{\partial r} = \frac{\partial v}{\partial x} \cdot \frac{\partial x}{\partial r} + \frac{\partial v}{\partial y} \cdot \frac{\partial y}{\partial r} = \cos\theta \cdot \frac{\partial v}{\partial x} + \sin\theta \cdot \frac{\partial v}{\partial y}$$

$$= \frac{-1}{r} \cdot \frac{\partial u}{\partial \theta} \quad (\text{由 (2) 得到})$$

$$\frac{\partial v}{\partial \theta} = \frac{\partial v}{\partial x} \cdot \frac{\partial x}{\partial \theta} + \frac{\partial v}{\partial y} \cdot \frac{\partial y}{\partial \theta} = -r\sin\theta \cdot \frac{\partial v}{\partial x} + r\cos\theta \cdot \frac{\partial v}{\partial y}$$

$$= r \cdot \frac{\partial u}{\partial r} \quad （由 (1) 得到）$$

10.【拉普拉斯方程式】若 $f(z) = u(x, y) + iv(x, y)$ 在區域 R 內皆可解析，則 $u(x, y)$ 和 $v(x, y)$ 在區域 R 內皆滿足拉普拉斯方程式（Laplace's equation），即

$$\nabla^2 u = u_{xx} + u_{yy} = 0 \quad 且 \quad \nabla^2 v = v_{xx} + v_{yy} = 0$$

或 $\nabla^2 u = \dfrac{\partial^2 u}{\partial x^2} + \dfrac{\partial^2 u}{\partial y^2} = 0$　且　$\nabla^2 v = \dfrac{\partial^2 v}{\partial x^2} + \dfrac{\partial^2 v}{\partial y^2} = 0$

<< 證明請參閱例 12>>

11.【調和函數】若 $f(z) = u(x, y) + iv(x, y)$ 的 $u(x, y)$ 和 $v(x, y)$ 在區域 R 內皆滿足拉普拉斯方程式，則 $f(z)$ 就稱為在區域 R 內是調和函數或稱為 $f(z)$ 在區域 R 內是調和的

註：由上可知，若 $f(z)$ 在區域 R 內可解析，則它會滿足柯西—黎曼方程式，也滿足拉普拉斯方程式，它也稱為調和函數

例 12　設 $z = x + iy$，$f(z) = u(x, y) + iv(x, y)$，

試證：若 $f(z)$ 在區域 R 內可解析，則 $u(x, y)$ 和 $v(x, y)$ 在區域 R 內都是調和函數

做法　就是要證明 $\dfrac{\partial^2 u}{\partial x^2} + \dfrac{\partial^2 u}{\partial y^2} = 0$ 且 $\dfrac{\partial^2 v}{\partial x^2} + \dfrac{\partial^2 v}{\partial y^2} = 0$

證明：因 $f(z) = u(x, y) + iv(x, y)$ 可解析

它就滿足科西—黎曼方程式，即

$$\begin{cases} \dfrac{\partial u}{\partial x} = \dfrac{\partial v}{\partial y} \\ \dfrac{\partial u}{\partial y} = -\dfrac{\partial v}{\partial x} \end{cases} \text{（上式對 } x \text{，下式對 } y \text{ 做偏微分）}$$

$$\Rightarrow \begin{cases} \dfrac{\partial^2 u}{\partial x^2} = \dfrac{\partial^2 v}{\partial x \partial y} \\ \dfrac{\partial^2 u}{\partial y^2} = -\dfrac{\partial^2 v}{\partial x \partial y} \end{cases} \text{（二式相加）}$$

$$\Rightarrow \dfrac{\partial^2 u}{\partial x^2} + \dfrac{\partial^2 u}{\partial y^2} = 0$$

同理可證，$\dfrac{\partial^2 v}{\partial x^2} + \dfrac{\partial^2 v}{\partial y^2} = 0$

故 $f(z)$ 為調和函數

例 13 設 $z = x + iy$，$f(z) = u(x, y) + iv(x, y)$

(1) 若 $u = x^2 - y^2$，請問 u 是否滿足 $\nabla^2 u = u_{xx} + u_{yy} = 0$？

(2) $f(z) = u(x, y) + iv(x, y)$，由 (1) 式的 u 值，找出 v 值，使得 $f(z)$ 為調和函數

做法 調和函數必須是可解析函數，而可解析函數必須滿足柯西─黎曼方程式

解 (1) $\dfrac{\partial u}{\partial x} = \dfrac{\partial}{\partial x}(x^2 - y^2) = 2x$

$\dfrac{\partial^2 u}{\partial x^2} = \dfrac{\partial}{\partial x}(2x) = 2$

$\dfrac{\partial u}{\partial y} = \dfrac{\partial}{\partial y}(x^2 - y^2) = -2y$

$$\frac{\partial^2 u}{\partial y^2} = \frac{\partial}{\partial y}(-2y) = -2$$

由上知，$\dfrac{\partial^2 u}{\partial x^2} + \dfrac{\partial^2 u}{\partial y^2} = 0$，所以 u 滿足

$$\nabla^2 u = u_{xx} + u_{yy} = 0$$

(2) 因調和函數 $\Rightarrow \dfrac{\partial u}{\partial x} = \dfrac{\partial v}{\partial y} \Rightarrow \dfrac{\partial v}{\partial y} = \dfrac{\partial u}{\partial x} = 2x$

二邊對 y 積分 $v = \displaystyle\int 2x dy = 2xy + g(x)$

又 $\dfrac{\partial u}{\partial y} = -\dfrac{\partial v}{\partial x} \Rightarrow -2y = -\dfrac{\partial}{\partial x}[2xy + g(x)] = -2y - g'(x)$

$$\Rightarrow g'(x) = 0 \Rightarrow g(x) = c$$

所以 $v(x, y) = 2xy + c$

例 14 設 $z = x + iy$，$f(z) = u(x, y) + iv(x, y)$

(1) 若 $u = e^{-x}(x \sin y - y \cos y)$，請問 u 是否滿足

$\nabla^2 u = u_{xx} + u_{yy} = 0$ ？

(2) $f(z) = u(x, y) + iv(x, y)$，由 (1) 式的 u 值，找出 v 值，

使得 $f(z)$ 為調和函數

做法 同例 13

解 (1) $\dfrac{\partial u}{\partial x} = \dfrac{\partial}{\partial x}[e^{-x}(x \sin y - y \cos y)]$

$\qquad = -e^{-x}(x \sin y - y \cos y) + e^{-x} \sin y$

$\qquad = -x e^{-x} \sin y + y e^{-x} \cos y + e^{-x} \sin y$

$\dfrac{\partial^2 u}{\partial x^2} = \dfrac{\partial}{\partial x}(-x e^{-x} \sin y + y e^{-x} \cos y + e^{-x} \sin y)$

$$= -e^{-x} \sin y + xe^{-x} \sin y - ye^{-x} \cos y - e^{-x} \sin y$$

$$= -2e^{-x} \sin y + xe^{-x} \sin y - ye^{-x} \cos y$$

$$\frac{\partial u}{\partial y} = \frac{\partial}{\partial y}[e^{-x}(x \sin y - y \cos y)]$$

$$= xe^{-x} \cos y - e^{-x} \cos y + ye^{-x} \sin y$$

$$\frac{\partial^2 u}{\partial y^2} = \frac{\partial}{\partial y}(xe^{-x} \cos y - e^{-x} \cos y + ye^{-x} \sin y)$$

$$= -xe^{-x} \sin y + e^{-x} \sin y + e^{-x} \sin y + ye^{-x} \cos y$$

$$= -xe^{-x} \sin y + 2e^{-x} \sin y + ye^{-x} \cos y$$

由上知，$\dfrac{\partial^2 u}{\partial x^2} + \dfrac{\partial^2 u}{\partial y^2} = 0$，所以 u 滿足

$$\nabla^2 u = u_{xx} + u_{yy} = 0$$

(2) 因 $\dfrac{\partial u}{\partial x} = \dfrac{\partial v}{\partial y}$

$$\Rightarrow \frac{\partial v}{\partial y} = \frac{\partial u}{\partial x} = -xe^{-x} \sin y + ye^{-x} \cos y + e^{-x} \sin y$$

二邊對 y 積分 $\Rightarrow$

$$v = \int -xe^{-x} \sin y + ye^{-x} \cos y + e^{-x} \sin y \, dy$$

$$= xe^{-x} \cos y + e^{-x}(y \sin y + \cos y) - e^{-x} \cos y + g(x)$$

$$= xe^{-x} \cos y + e^{-x} y \sin y + g(x)$$

又 $\dfrac{\partial u}{\partial y} = -\dfrac{\partial v}{\partial x}$

$$\Rightarrow xe^{-x} \cos y - e^{-x} \cos y + ye^{-x} \sin y$$

$$= -\frac{\partial}{\partial x}[xe^{-x} \cos y + e^{-x} y \sin y + g(x)]$$

$$= -e^{-x} \cos y + xe^{-x} \cos y + e^{-x} y \sin y - g'(x)$$

$$\Rightarrow g'(x) = 0 \Rightarrow g(x) = c$$

所以 $v(x, y) = xe^{-x} \cos y + e^{-x} y \sin y + c$

3.4　複數基本函數的微分

12.【基本函數的一次微分】複數函數的微分公式和實數函數相同，即

(1) $\dfrac{d}{dz}(c) = 0$ ；(2) $\dfrac{d}{dz}(z^n) = nz^{n-1}$

(3) $\dfrac{d}{dz}(e^z) = e^z$ ；(4) $\dfrac{d}{dz}(\sin z) = \cos z$

(5) $\dfrac{d}{dz}(\cos z) = -\sin z$ ；(6) $\dfrac{d}{dz}(\tan z) = \sec^2 z$

(7) $\dfrac{d}{dz}(\sec z) = \sec z \tan z$ ；(8) $\dfrac{d}{dz}(\ln z) = \dfrac{1}{z}$ 等

13.【微分的性質】和實數函數一樣，若複數函數 $f(z)$, $g(z)$ 和 $h(z)$ 在區域 R 內皆可解析，則

(1) $\dfrac{d}{dz}\left[f(z) + g(z)\right] = \dfrac{d}{dz}f(z) + \dfrac{d}{dz}g(z) = f'(z) + g'(z)$

(2) $\dfrac{d}{dz}\left[c \cdot f(z)\right] = c \cdot \dfrac{d}{dz}f(z) = c \cdot f'(z)$

(3) $\dfrac{d}{dz}\left[f(z) \cdot g(z)\right] = f'(z)g(z) + f(z) \cdot g'(z)$

(4) $\dfrac{d}{dz}\left[\dfrac{f(z)}{g(z)}\right] = \dfrac{f'(z)g(z) - f(z)g'(z)}{g^2(z)}$ ，$g(z) \neq 0$

(5) $\dfrac{d}{dz}f\big(g(z)\big) = f'\big(g(z)\big) \cdot g'(z)$ 或

$\dfrac{d}{dz}f'\big[g(h(z))\big] = f'\big[g(h(z))\big] \cdot g'(h(z)) \cdot h'(z)$（微分連鎖率）

(6) 若 $f(z)$ 為單值函數且 $w = f(z)$，則有 $z = f^{-1}(w)$，且

$\dfrac{dw}{dz} = \dfrac{1}{\dfrac{dz}{dw}}$（反函數的微分）

例 15 證明 $\dfrac{d}{dz}\sin z = \cos z$

做法 將三角函數改成指數表示法來解

解 因 $\sin z = \dfrac{e^{iz} - e^{-iz}}{2i}$

$\Rightarrow \dfrac{d}{dz}\sin z = \dfrac{d}{dz}(\dfrac{e^{iz} - e^{-iz}}{2i}) = \dfrac{1}{2i}(ie^{iz} + ie^{-iz})$

$= \dfrac{e^{iz} + e^{-iz}}{2} = \cos z$

例 16 求下列函數的微分

(a) $f(z) = 5z^4 + (1 + i)z^3 + 2iz$

(b) $f(z) = 2z^2 \sin z + \cos z$

(c) $f(z) = \cos^2(3z + 2i)$

做法 解題方法同實係數函數的隱函數微分

解 (a) $f'(z) = 5 \cdot 4z^3 + 3(1 + i)z^2 + 2i = 20z^3 + 3(1 + i)z^2 + 2i$

(b) $f'(z) = 2 \cdot (2z \sin z + z^2 \cos z) - \sin z$

$= 4z \sin z + 2z^2 \cos z - \sin z$

(c) $f'(z) = 2\cos(3z + 2i) \cdot \dfrac{d}{dz}\cos(3z + 2i)$

$= -2\cos(3z + 2i) \cdot \sin(3z + 2i) \cdot \dfrac{d}{dz}(3z + 2i)$

$= -6\cos(3z + 2i) \cdot \sin(3z + 2i)$

例 17 求隱函數的微分，即

$5w^4 + (1 + i)zw + 2iz = 0$，求 dw/dz

做法 同例 16

解 二邊對 z 微分 $\Rightarrow 5 \cdot 4w^3 \dfrac{dw}{dz} + (1+i)[w + z\dfrac{dw}{dz}] + 2i = 0$

$$\Rightarrow [20w^3 + (1+i)z]\dfrac{dw}{dz} = -(1+i)w - 2i$$

$$\Rightarrow \dfrac{dw}{dz} = \dfrac{-(1+i)w - 2i}{[20w^3 + (1+i)z]}$$

14.【高階微分】複數函數也可進行多次的微分，即：

(1) $\dfrac{d}{dz}\left[\dfrac{d}{dz}f(z)\right] = \dfrac{d^2}{dz^2}f(z)$ 或 $[f'(z)]' = f''(z)$，稱為 $f(z)$ 的

二次微分

(2) $\dfrac{d}{dz}\left[\dfrac{d^2}{dz^2}f(z)\right] = \dfrac{d^3}{dz^3}f(z)$ 或 $[f''(z)]' = f'''(z)$，稱為 $f(z)$

的三次微分

例 18 若 $f(z) = 4z^4 + (2 - 3i)z^2 + 2i\cos z$，求 $f''(z)$

解 $f'(z) = 16z^3 + 2(2 - 3i)z - 2i\sin z$

$f''(z) = 48z^2 + 2(2 - 3i) - 2i\cos z$

練習題

1. 求下列算式的極限值

(1) $\displaystyle\lim_{z \to 1+i} \dfrac{z^2 - z + 1 - i}{z^2 - 2z + 2}$；(2) $\displaystyle\lim_{z \to 2i}(iz^4 + 3z^2 - 10i)$；

(3) $\displaystyle\lim_{z \to i/2} \dfrac{(2z - 3)(4z + i)}{(iz - 1)^2}$；(4) $\displaystyle\lim_{z \to i} \dfrac{z^2 + 1}{z^6 + 1}$；

答 (1) $1 - i/2$；(2) $-12 + 6i$；(3) $-4/3 - 4i$；(4) $1/3$；

2. 求下列函數的不連續點

(1) $f(z) = \dfrac{2z-3}{z^2+2z+2}$；(2) $f(z) = \cot z$；

(3) $f(z) = \dfrac{1}{z} - \sec z$；(4) $f(z) = \dfrac{\tanh z}{z^2+1}$；

答 (1) $-1 \pm i$；(2) $k\pi, k = 0, \pm 1, \pm 2, \cdots\cdots$；

(3) $0, (k+1/2)\pi, k = 0, \pm 1, \pm 2, \cdots\cdots$；

(4) $\pm i, (k+1/2)\pi i, k = 0, \pm 1, \pm 2, \cdots\cdots$；

3. 求下列算式的極限值

(1) $\lim\limits_{n\to\infty} \dfrac{in^2 - in + 1 - 3i}{(2n+4i-3)(n-i)}$；(2) $\lim\limits_{n\to\infty} \left| \dfrac{(n^2+3i)(n-i)}{in^3 - 3n - 4 - i} \right|$；

(3) $\lim\limits_{n\to\infty}(\sqrt{n+2i} - \sqrt{n+i})$；

答 (1) $i/2$；(2) 1；(3) 0

4. 求下列函式是否滿足柯西—黎曼方程式

(1) $f(z) = z^2 + 5iz + 3 - i$；(2) $f(z) = ze^{-z}$；

答 (1) 是；(2) 是

5. (a) 判斷下列 u 函式是否滿足 $\nabla^2 u = u_{xx} + u_{yy} = 0$？(b) 若是的話，由 (a) 式的 u 值，找出 v 值，使得 $f(z) = u(x, y) + iv(x, y)$ 爲調和函數

(1) $u = 2x(1-y)$；

(2) $u = 3x^2y + 2x^2 - y^3 - 2y^2$；(3) $u = 2xy + 3xy^2 - 2y^3$；

答 (1) 是，$v = 2y + x^2 - y^2$；

(2) 是，$v = 4xy - x^3 + 3xy^2 + c$；

(3) 不是

6. 求下列函數的微分

$(1) f(z) = (1 + z^2)^{3/2}$；$(2) [\sin(2z - 1)]^2$；

$(3) f(z) = \tan(2z + 3i)$；$(4) f(z) = \ln(z^2 + z - 3)$

答 $(1) f'(z) = 3z(1 + z^2)^{1/2}$；

$(2) f'(z) = 4 \sin(2z - 1)\cos(2z - 1)$；

$(3) f'(z) = 2\sec^2(2z + 3i)$；

$(4) f'(z) = (2z + 1)/(z^2 + z - 3)$

第 4 章　複數積分

　　本章將介紹封閉曲線與連通區域、複數的不定積分和複數的線積分。

4.1　封閉曲線與連通區域

1. 【簡單與非簡單封閉曲線】

　　(1) 在複數平面中，若一個區域的外圍邊界曲線沒有自我相交（例如像數字 0 的區域）的封閉路徑，此曲線稱為簡單封閉曲線（simple closed curve）或稱為約旦曲線（Jordan curve）（見圖 4-1(a)）；

　　(2) 在複數平面中，若一個區域的外圍邊界曲線有自我相交（例如像數字 8 的區域）的封閉路徑，此曲線稱為非簡單封閉曲線（non-simple closed curve）（見圖 4-1(b)）。

(a) 簡單封閉曲線　　　　　　(b) 非簡單封閉曲線

圖 4-1　封閉曲線

2. 【單連通與多連通區域】

　　(1) 在複數平面中，若一個區域內沒有「洞」（或一個區域的邊界往內縮，會縮到一點上），此區域稱為單連通區域（simply connected domain）。例如：圓、橢圓等（見圖 4-2(a)）；

(2) 在複數平面中，若一個區域內有一些「洞」（或一個
　　區域的邊界往內縮，不會縮到一點上），此區域稱爲
　　多連通區域（multiply connected domain）。例如：圓
　　環等。在多連通區域中：

　　(a) 若區域內有一個「洞」，此區域稱爲雙連通區域
　　　（見圖 4-2(b)）；

　　(b) 若區域內有二個「洞」，此區域稱爲三連通區域
　　　（見圖 4-2(c)）。

3. 【路徑前進方向】若一個觀察者沿著一簡單封閉曲線區域
　　的邊界 C 前進時，若此區域是在觀察者的左側，則此前
　　進方向稱爲正方向。例如：沿著一個圓的邊界前進，逆
　　時針方向爲正方向。

(a) 單連通區域　　　　(b) 雙連通區域　　　　(c) 三連通區域

圖 4-2　連通區域

4.2 複數的不定積分

4. 【**複數的積分種類**】和實數的積分一樣，複數積分也分爲
   不定積分和定積分兩類，複數定積分稱爲複數線積分。

5. 【**解析函數的不定積分**】若 $f(z)$ 和 $F(z)$ 在區域 R 內皆可解
   析，且 $F'(z) = f(z)$，則 $F(z)$ 稱爲 $f(z)$ 的不定積分或反導
   數，記作

$$F(z) = \int f(z)dz + c$$

   註：「積分」是一個動作，「反導數」是一個值（積分
   的結果）

6. 【**函數的不定積分**】底下是常見函數的不定積分，

   $(1) \int z^n dz = \dfrac{z^{n+1}}{n+1} + c \quad (n \neq -1)$

   $(2) \int z^{-1} dz = \ln z + c$ 〔(1) 的 $n = -1$ 情況〕

   $(3) \int e^z dz = e^z + c$

   $(4) \int \sin(z)dz = -\cos(z) + c$

   $(5) \int \cos(z)dz = \sin(z) + c$

   $(6) \int \tan(z)dz = \ln[\sec(z)] + c = -\ln[\cos(z)] + c$

   $(7) \int \cot(z)dz = \ln[\sin(z)] + c$

   $(8) \int \sec(z)dz = \ln[\sec(z) + \tan(z)] + c$

   $(9) \int \csc(z)dz = \ln[\csc(z) - \cot(z)] + c$

   $(10) \int \dfrac{1}{a^2 + z^2} dz = \dfrac{1}{a}\tan^{-1}\dfrac{z}{a} + c$

7. 【**不定積分的性質**】和實數積分一樣，實數積分有的性
   質，複數積分也有（例如：變數變換法、分部積分等）。

例 1　求下列函數的不定積分

(1)$f(z) = 4z^4 + (2 - 3i)z^2$

(2)$f(z) = 2\sin z + 3\cos(2z)$

(3) $f(z) = e^{2z} + \dfrac{1}{z}$

(4)$f(z) = ze^{3z}$

做法　同實數的積分

解　(1) $\displaystyle\int f(z)dz = \int [4z^4 + (2 - 3i)z^2]dz$

$$= \frac{4}{5}z^5 + \frac{1}{3}(2 - 3i)z^3 + c$$

(2) $\displaystyle\int f(z)dz = \int [2\sin z + 3\cos(2z)]\,dz$

$$= 2\int \sin z\,dz + 3\int \cos(2z)\frac{d(2z)}{2}$$

$$= -2\cos z + \frac{3}{2}\sin(2z) + c$$

(3) $\displaystyle\int f(z)dz = \int [e^{2z} + \frac{1}{z}]\,dz$

$$= \int e^{2z}\frac{d(2z)}{2} + \int \frac{1}{z}dz = \frac{1}{2}e^{2z} + \ln z + c$$

(4) 用分部積分法解

$$\int f(z)dz = \int ze^{3z}dz = z \cdot \frac{1}{3}e^{3z} - \int \frac{1}{3}e^{3z}\,dz \ (e^{3z}\text{積分，} z\text{微分})$$

$$= \frac{1}{3}ze^{3z} - \frac{1}{9}e^{3z} + c$$

4.3 複數的線積分

8. 【複數線積分】線積分是積分路徑沿某條曲線做積分

(1) 設 $f(z)$ 在曲線 C 上的每一點皆連續，且 C 是有限長度，若複數函數 $f(z)$ 是沿著此曲線 C 的路徑來積分，此複數積分稱爲線積分（line integral），通常表示成 $\int_C f(z)dz$，此時曲線 C 稱爲積分路徑。

(2) 若曲線 C 以參數式表示成 $z(t) = x(t) + iy(t)$，且積分是從 $t = a$ 積到 $t = b$，則線積分是從 $z(t)|_{t=a}$ 點沿著曲線 C 積到 $z(t)|_{t=b}$ 點（見圖 4-3(a)）。

(3) 若曲線 C 是一封閉路徑（closed path，也就是起點和終點在同一點上，即上式的 a 點和 b 點在同一位置上，見圖 4-3(b)），則此正方向（逆時針）的線積分可以表示成 $\oint_C f(z)dz$

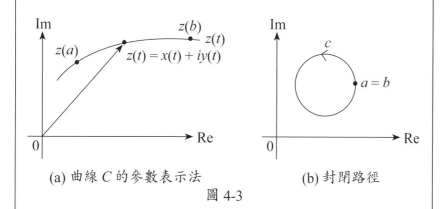

(a) 曲線 C 的參數表示法　　　　(b) 封閉路徑

圖 4-3

9. 【線積分的性質】設 $f(z)$ 和 $g(z)$ 沿 C 是可積分的，則

(1) 線性性質：

$$\int_C [k_1 f(z) + k_2 g(z)]dz = k_1 \int_C f(z)dz + k_2 \int_C g(z)dz$$

(2) 反向積分：$\int_{z_1}^{z_2} f(z)dz = -\int_{z_2}^{z_1} f(z)dz$

(3) 路徑分割：若路徑 C 是由路徑 C_1 和路徑 C_2 組成，則

$$\int_C f(z)dz = \int_{C_1} f(z)dz + \int_{C_2} f(z)dz$$

10.【解析函數的積分】

(1) 若 $F(z)$ 和 $f(z)$ 在「單連通區域 D」內是「解析函數」、z_1 和 z_2 是區域 D 內二點，且 $F'(z) = f(z)$，則在區域 D 內任何連接 z_1 和 z_2 的路徑，均有

$$\int_{z_1}^{z_2} f(z)dz = F(z_2) - F(z_1)$$

也就是 z_1 到 z_2 不管走哪條路徑，上式一定成立

(2) 要滿足：(a)「路徑在單連通區域 D 內」；且

(b)「$f(z)$ 在整個區域 D 內是解析函數」，

此性質才成立（積分值與路徑無關）

(3) (a) 若 $f(z)$ 表示成 $u(x, y) + iv(x, y)$，則 $f(z)$ 要滿足「柯西-黎曼方程式」，$f(z)$ 才是解析函數；

(b) 若 $f(z)$ 表示成 z 的函數，如 $f(z) = \sin z + z - 1$，則 $f(z)$ 只要沒有 (i) 分母為 0（例如：$f(z) = \dfrac{2z}{z-1}$ 的 $z-1$）、(ii) $\bar{z}$ 或 (iii) $|z|$ 的項，$f(z)$ 大多是解析函數。

例 2 求下列的積分

(a) $\int_1^{2i} (3z^2 + 1)dz$

(b) $\int_0^{\pi i} \sin z\, dz$

做法 因此二題在積分區域內是解析函數（沒有分母為 0，沒有 $\bar{z}$，沒有 $|z|$），其積分值與路徑無關

解 (a) $\int_1^{2i} (3z^2+1)dz = (z^3+z)\Big|_1^{2i} = [(2i)^3+(2i)]-(1^3+1)$

$$= -2-6i$$

(b) $\int_0^{\pi i} \sin z\,dz = -\cos z\,|_0^{\pi i} = -[\cos(\pi i)-\cos 0]=1-\cosh\pi$

例 3　請問下列複數函數是否爲解析函數？

(1) $\sin z$；(2) z^2+1；(3) $|z|$

做法　$f(z)$ 爲解析函數的條件是它要滿足柯西—黎曼方程式。

令 $z=x+iy$，代入原式，可變成 $f(z)=u(x,y)+iv(x,y)$，

再看它是否符合柯西—黎曼方程式

解 (1) $\sin z = \dfrac{e^{iz}-e^{-iz}}{2i} = \dfrac{1}{2i}(e^{i(x+iy)}-e^{-i(x+iy)})$

$\qquad = \dfrac{1}{2i}(e^{-y}(\cos x+i\sin x)-e^{y}(\cos x-i\sin x))$

$\qquad = \dfrac{1}{2i}(\cos x(e^{-y}-e^{y})+i\sin x(e^{-y}+e^{y}))$

$\qquad = \dfrac{-1}{2}(-\sin x(e^{-y}+e^{y})+i\cos x(e^{-y}-e^{y}))$

$\qquad = \dfrac{-1}{2}(u(x,y)+iv(x,y))$

$\Rightarrow u(x,y)=-\sin x(e^{-y}+e^{y})$，$v(x,y)=\cos x(e^{-y}-e^{y})$

$\dfrac{\partial u}{\partial x}=-\cos x(e^{-y}+e^{y})$；

$\dfrac{\partial u}{\partial y}=-\sin x(-e^{-y}+e^{y})=\sin x(e^{-y}-e^{y})$

$\dfrac{\partial v}{\partial x}=-\sin x(e^{-y}-e^{y})$；$\dfrac{\partial v}{\partial y}=\cos x(-e^{-y}-e^{y})$

由上知 $\dfrac{\partial u}{\partial x}=\dfrac{\partial v}{\partial y}$，$\dfrac{\partial u}{\partial y}=-\dfrac{\partial v}{\partial x}$，其爲解析函數

(2) $z^2 + 1 = (x + iy)^2 + 1 = (x^2 - y^2 + 1) + 2xyi = u(x, y) + iv(x, y)$

$\Rightarrow u(x, y) = x^2 - y^2 + 1, v(x, y) = 2xy$

$\dfrac{\partial u}{\partial x} = 2x \;;\; \dfrac{\partial u}{\partial y} = -2y$

$\dfrac{\partial v}{\partial x} = 2y \;;\; \dfrac{\partial v}{\partial y} = 2x$

由上知 $\dfrac{\partial u}{\partial x} = \dfrac{\partial v}{\partial y}$，$\dfrac{\partial u}{\partial y} = -\dfrac{\partial v}{\partial x}$，其為解析函數

(3) $|z| = |(x + iy)| = \sqrt{x^2 + y^2} + 0i = u(x, y) + ix(x, y)$

$\dfrac{\partial u}{\partial x} = x(x^2 + y^2)^{-1/2} \;;\; \dfrac{\partial u}{\partial y} = y(x^2 + y^2)^{-1/2}$

$\dfrac{\partial v}{\partial x} = 0 \;;\; \dfrac{\partial v}{\partial y} = 0$

由上知 $\dfrac{\partial u}{\partial x} \neq \dfrac{\partial v}{\partial y}$，其不為解析函數

結論：若 $f(z)$ 表示成 z 的多項式形式，如 $f(z) = z^2 + 1$，
　　　且 $f(z)$ 若沒有分母為 0、沒有 $\bar{z}$、沒有 $|z|$，則
　　　$f(z)$ 大多是解析函數。

11.【以路徑表示法做積分】可利用路徑表示法來做複數函數
的積分，此方法對於 $f(z)$ 是解析或非解析函數均適用，
只要 $f(z)$ 是連續複數函數即可

(1) 若將平滑路徑 C 以 $z = z(t)$ 表示、其中 $a \leq t \leq b$，且
$f(z)$ 在路徑 C 上是連續函數，則
$$\int_C f(z)\,dz = \int_a^b f[z(t)]\dot{z}(t)\,dt$$

(2) t 由小的值（此例的 $t = a$）積到大的值（此例的 $t = b$）
稱為正方向的積分。

其中：(a) 上式 $\dot{z}(t)$（上面一點）是 z 對 t 微分，以區分

        $f'(z)$（上面一撇）對 z 微分

    (b) $z = z(t) \Rightarrow \dfrac{dz}{dt} = \dot{z}(t) \Rightarrow dz = \dot{z}(t)dt$

用法：(a) 將路徑以 $z(t)$，$a \le t \le b$ 表示

    (b) 求出 $\dot{z}(t) = \dfrac{dz}{dt}$

    (c) 將 z, x, y 以 t 表示

    (d) 將 $\displaystyle\int_C f(z)dz$ 改成 $\displaystyle\int_a^b f[z(t)]\dot{z}(t)dt$

註：此法不侷限在「解析函數」的積分上

12.【實數線積分】設 $\vec{v}(x,y) = P(x,y)\vec{i} + Q(x,y)\vec{j}$，其中 $P(x, y)$ 和 $Q(x, y)$ 是 x, y 的實數函數且曲線 C 為連續曲線，則「實數線積分」可表示成

$$\int_C \vec{v} \cdot d\vec{r} = \int_C [P(x,y)dx + Q(x,y)dy]$$ 〔註：$d\vec{r} = dx\vec{i} + dy\vec{j}$，而 $\vec{v}$ 和 $d\vec{r}$ 中間的「 · 」表示內積〕

13.【複數線積分表示成實數線積分】設 $f(z) = u(x, y) + iv(x, y)$，其中 $z = x + iy$，則「複數線積分」可表示成

$$\int_C f(z)dz = \int_C (u + iv)(dx + idy)$$

$$= \int_C (udx - vdy) + i\int_C (vdx + udy)$$

14.【非解析函數的積分】「非解析函數」或「非單連通區域（如圓環）」積分的結果除了和其積分的上、下限值有關外，也與下限到上限所走的路徑有關。（單連通區域內的解析函數則與積分路徑無關）

例 4 （此題爲實數線積分，積分結果和所走的路徑有關）

求積分值 $\int_{(0,3)}^{(2,4)} (x+2y)dx + (2x^2+y)dy$，其積分路徑爲：

(a) $x = 2t, y = t^2 + 3$ 的拋物線；

(b) 由 $(0, 3)$ 到 $(2, 3)$，再到 $(2, 4)$ 的直線；

(c) 由 $(0, 3)$ 到 $(2, 4)$ 的直線

做法 (1) 若路徑是 t 的函數，則將 t 代入原積分式變成 t 的函數

(2) 若路徑是 x, y 函數，則將 x, y 代入原積分式，變成 x, y 的函數

(3) (a) 小題的路徑是 t 的函數，而 (b)(c) 二小題則是 x, y 的函數

解 (a) 點 $(0, 4)$ 和點 $(2, 4)$ 分別對應到拋物線的 $t = 0$ 和 $t = 1$

又 $x = 2t, y = t^2 + 3 \Rightarrow dx = 2dt, dy = 2tdt$

所以 $\int_{(0,3)}^{(2,4)} (x+2y)dx + (2x^2+y)dy$

$= \int_{t=0}^{1} [2t + 2(t^2+3)]2dt + [2(2t)^2 + (t^2+3)]2tdt$

$= \int_{t=0}^{1} [4t + 4t^2 + 12] + [16t^3 + 2t^3 + 6t]dt$

$= \int_{t=0}^{1} [18t^3 + 4t^2 + 10t + 12]dt = \dfrac{137}{6}$

(b) 由 $(0, 3)$ 到 $(2, 3)$ 的直線，其 $y = 3$，$dy = 0$

由 $(2, 3)$ 到 $(2, 4)$ 的直線，其 $x = 2$，$dx = 0$

所以 $\int_{(0,3)}^{(2,4)} (x+2y)dx + (2x^2+y)dy$

$= \int_{x=0}^{2} (x + 2 \cdot 3)dx + (2x^2 + 3) \cdot 0$

$\quad + \int_{y=3}^{4} (2 + 2y) \cdot 0 + (2 \cdot 2^2 + y)dy$

$$= \int_{x=0}^{2} (x+6)dx + \int_{y=3}^{4} (8+y)dy$$

$$= (\frac{1}{2}x^2 + 6x)|_{x=0}^{2} + (8y + \frac{1}{2}y^2)|_{y=3}^{4} = \frac{51}{2}$$

(c) 由點 $(0, 3)$ 到點 $(2, 4)$ 的直線方程式為

$-x + 2y = 6$ 或 $x = 2y - 6 \Rightarrow dx = 2dy$

所以 $\int_{(0,3)}^{(2,4)} (x+2y)dx + (2x^2 + y)dy$

$$= \int_{y=3}^{4} [(2y-6) + 2y]2dy + [2(2y-6)^2 + y]dy$$

$$= \int_{y=3}^{4} [8y^2 - 39y + 60]dy = \frac{133}{6}$$

例5 求 $\int_{C} (2z+3)dz$，曲線 C 是由 $z = 0$ 到 $z = 4 - 2i$，其積分路徑爲：

(a) $z = 2t - it$；

(b) 由 $z = 0$ 到 $z = 4$，再到 $z = 4 - 2i$ 的直線：

做法 (1) 若路徑 C 是 t 的函數，則 $f(z)$ 的 z 就用 t 的函數代入

(2) 若路徑表成 $x + iy$ 的函數，則 $f(z)$ 的 z 就用 $x + iy$ 代入

(3) (a) 小題的路徑是 t 的函數，而 (b) 小題則爲 x, y 的函數

解 (a) $z = 2t - it \Rightarrow dz = (2-i)dt$ 且

$z = 0 \Rightarrow t = 0, z = 4 - 2i \Rightarrow t = 2$

$$\int_{C} (2z+3)dz = \int_{0}^{2} [2(2t-it) + 3](2-i)dt$$

$$= \int_{0}^{2} [(6t+6) - (8t+3)i]dt$$

$$= [(3t^2 + 6t) - (4t^2 + 3t)i]_{0}^{2} = 24 - 22i$$

(b) $\int_C (2z + 3)dz = \int_C [2(x + iy) + 3](dx + idy)$

$$= \int_C [(2x + 3) + i2y](dx + idy)$$

(i) 由 $z = 0$ 到 $z = 4$ 的直線，其 $y = 0$，$dy = 0$（x 從 0 到 4）

(ii) $z = 4$ 到 $z = 4 - 2i$ 的直線，其 $x = 4$，$dx = 0$（y 從 0 到 -2）

由 (b) 式 $\Rightarrow \int_{x=0}^{4} (2x + 3)dx + \int_0^{-2} (11 + i2y)idy$

$$= (x^2 + 3x)\,|_0^4 + i(11y + iy^2)\,|_0^{-2}$$

$$= 28 + (-22i - 4) = 24 - 22i$$

註：$(2z + 3)$ 為解析函數，其複數線積分結果與積分路徑無關

例 6 求 $\int_C \bar{z}dz$，曲線 C 由 $z = 0$ 到 $z = 4 - 2i$，其積分路徑為：

(a) $z = 2t - it$；

(b) 由 $z = 0$ 到 $z = 4$，再到 $z = 4 - 2i$ 的直線。

做法 同例 5

解 (a) 同上題 $dz = (2 - i)dt$ 且 $z = 0 \Rightarrow t = 0, z = 4 - 2i \Rightarrow t = 2$

$$\int_C \bar{z}dz = \int_0^2 (2t + it)(2 - i)dt = \int_0^2 5t\,dt = 10$$

(b) $\int_C \bar{z}dz = \int_C (x - iy)(dx + idy)$

(i) 由 $z = 0$ 到 $z = 4$ 的直線，其 $y = 0$，$dy = 0$

(ii) $z = 4$ 到 $z = 4 - 2i$ 的直線，其 $x = 4$，$dx = 0$

由 (b) 式 $\Rightarrow \int_{x=0}^4 xdx + \int_0^{-2} (4 - iy)idy$

$$= \frac{x^2}{2}\,|_0^4 + (\frac{1}{2}y^2 + i4y)\,|_0^{-2} = 10 - 8i$$

註：$\bar{z}$ 為非解析函數，其積分結果與積分路徑有關

例7 求 $\oint_C \dfrac{dz}{z}$ 之值，其中 C 是單位圓，以逆時針方向進行積分

做法 若 $\int_C f(z)dz$ 的 C 是單位圓，則 z 通常以 e^{it} 或 $\cos t + i\sin t$ 代入

解 因 $\dfrac{1}{z}$ 在區域 C 內的 $z = 0$ 點不可解析，其積分結果與積分路徑有關

(a) 因 z 在單位圓 C 上，令 $z = \cos t + i\sin t = e^{it}$，
　　$t \in [0, 2\pi]$

(b) $dz = ie^{it}dt$

(c) $\dfrac{1}{z} = e^{-it}$

(d) $\oint_C \dfrac{dz}{z} = \int_0^{2\pi} e^{-it} \cdot ie^{it}dt = \int_0^{2\pi} i\,dt = 2\pi i$

註：若 $f(z)$ 可解析且積分路徑為一圓，則其積分結果為 0（因其積分上、下限在同一點，且與積分路徑無關）

例8 求 $\oint_C (z - z_0)^m dz$ 之值，其中 C 是繞著 $z = z_0$ 點半徑為 r 的圓，以逆時針方向進行積分

做法 若路徑 C 是半徑為 r 的圓，則 z 就以 $r(\cos t + i\sin t)$ 代入

解 (a) 因 $z - z_0$ 在半徑為 r 的圓 C 上，所以
　　　令 $z - z_0 = r(\cos t + i\sin t) = re^{it}$，$t \in [0, 2\pi]$
　　　$\Rightarrow z = z_0 + re^{it}$

(b) $dz = ire^{it}dt$

(c) $(z - z_0)^m = r^m e^{imt}$

(d) $\oint_C (z-z_0)^m\,dz = \int_0^{2\pi} r^m e^{imt}\cdot ire^{it}\,dt = ir^{m+1}\int_0^{2\pi} e^{i(m+1)t}\,dt$

$= ir^{m+1}\left[\int_0^{2\pi}\cos(m+1)t\,dt + i\int_0^{2\pi}\sin(m+1)t\,dt\right]$

(i) 當 $m=-1$ 時，

$\quad$ (d) 式 $\Rightarrow i\left[\int_0^{2\pi}\cos 0\,dt + i\int_0^{2\pi}\sin 0\,dt\right] = 2\pi i$

(ii) 當 $m\neq-1$ 時，

$\quad$ (d) 式 $\Rightarrow ir^{m+1}\left[\int_0^{2\pi}\cos(m+1)t\,dt + i\int_0^{2\pi}\sin(m+1)t\,dt\right]$

$\quad$ 因 sin 和 cos 積分積一週期的結果為 0，

$\quad$ 所以 $ir^{m+1}\left[\int_0^{2\pi}\cos(m+1)t\,dt + i\int_0^{2\pi}\sin(m+1)t\,dt\right] = 0$

(e) 此題答案為 $\begin{cases} 2\pi i，當 \ m=-1 \ 時 \\ 0，當 \ m\neq-1 \ 時 \end{cases}$

例 9 求 $\oint_C \dfrac{1}{z}\,dz$ 之值，其中 C 如下圖（二同心圓半徑分別是 1 和 2），以逆時針方向進行積分

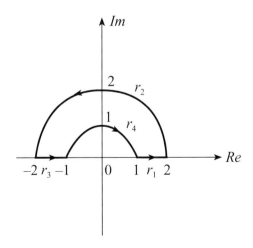

[做法] 若路徑 C 有直線也有圓弧，則要分段處理

[解] 方法一：

因 $\dfrac{1}{z}$ 在區域 C 內皆可解析，其 $\displaystyle\oint_C \dfrac{1}{z}dz = 0$

方法二：(一段一段求其積分值)

$$\oint_C \frac{1}{z}dz = \int_{r_1}\frac{1}{z}dz + \int_{r_2}\frac{1}{z}dz + \int_{r_3}\frac{1}{z}dz + \int_{r_4}\frac{1}{z}dz$$

(1) r_1 為 $z = x$，$x \in [1, 2]$

$$\Rightarrow \int_{r_1}\frac{1}{z}dz = \int_1^2 \frac{1}{x}dx = \ln x \mid_1^2 = \ln 2$$

(2) r_2 為 $z = 2e^{it}$，$t \in [0, \pi] \Rightarrow dz = 2ie^{it}dt$

$$\Rightarrow \int_{r_2}\frac{1}{z}dz = \int_0^\pi \frac{1}{2}e^{-it}2ie^{it}dt = \int_0^\pi idt = i\pi$$

(3) r_3 為 $z = x$，$x \in [-2, -1]$

$$\Rightarrow \int_{r_3}\frac{1}{z}dz = \int_{-2}^{-1}\frac{1}{x}dx = \ln|x|\mid_{-2}^{-1} = -\ln 2$$

(4) r_4 為 $z = e^{it}$，$t \in [\pi, 0] \Rightarrow dz = ie^{it}dt$

$$\Rightarrow \int_{r_4}\frac{1}{z}dz = \int_\pi^0 e^{-it}ie^{it}dt = \int_\pi^0 idt = -i\pi$$

$$\oint_C \frac{1}{z}dz = \int_{r_1}\frac{1}{z}dz + \int_{r_2}\frac{1}{z}dz + \int_{r_3}\frac{1}{z}dz + \int_{r_4}\frac{1}{z}dz = 0$$

註：因在積分範圍內（二半同心圓間），其為解析函數（$z = 0$ 不在積分範圍內），所以其積分值為 0

練習題

1. 求下列的積分結果：

(1) $\displaystyle\int e^{-2z}dz$；(2) $\displaystyle\int z\sin z^2 dz$；(3) $\displaystyle\int \frac{z^2 + 1}{z^3 + 3z + 2}dz$

答 (1) $-\dfrac{1}{2}e^{-2z}+c$；(2) $-\dfrac{1}{2}\cos z^2 + c$；

$\qquad$ (3) $\dfrac{1}{3}\ln(z^3+3z+2)+c$

2. 求下列的積分結果：

(1) $\displaystyle\int_{\pi i}^{2\pi i} e^{3z}dz$；(2) $\displaystyle\int_0^{\pi i}\sinh 5z\,dz$

答 (1) 2/3；(2) –2/5

3. 求線積分 $\displaystyle\int_{(0,1)}^{(2,5)}(3x+y)dx+(2y-x)dy$，其中路徑爲：

(1) 抛物線 $y=x^2+1$；(2) 連接 $(0, 1)$ 和 $(2, 5)$ 的直線；(3) 先從 $(0, 1)$ 到 $(0, 5)$，再從 $(0, 5)$ 到 $(2 ,5)$ 的直線；(4) 先從 $(0, 1)$ 到 $(2, 1)$，再從 $(2, 1)$ 到 $(2, 5)$ 的直線；

答 (1)88/3；(2)32；(3)40；(4)24

4. 求線積分 $\displaystyle\oint_C (x+2y)dx+(y-2x)dy$，其中 C 路徑爲：

$x=4\cos\theta, y=3\sin\theta, 0\le\theta<2\pi$，以逆時針方向進行

答 -48π

5. 求線積分 $\displaystyle\oint_C |z|^2 dz$，其中路徑爲：$(0, 0), (1, 0), (1, 1), (0, 1)$ 正方形，以逆時針方向進行

答 $-1+i$

6. 求線積分 $\displaystyle\int_i^{2-i}(3xy+iy^2)dz$，其中路徑爲：

(1) 連接 $z=i$ 和 $z=2-i$ 的直線；

(2) 曲線 $x=2t-2$，$y=1+t-t^2$

答 (1) $-\dfrac{4}{3}+\dfrac{8}{3}i$；(2) $-\dfrac{1}{3}+\dfrac{79}{30}i$

7. 求線積分 $\int_{3+4i}^{4-3i}(6z^2+8iz)dz$，其中路徑為：

(1) 連接 $z = 3 + 4i$ 和 $z = 4 - 3i$ 的直線；(2) 先從 $3 + 4i$ 到 $4 + 4i$ 的直線，再從 $4 + 4i$ 到 $4 - 3i$ 的直線

答 (1) $98 - 136i$；(2) $98 - 136i$

第 **5** 章　柯西定理與柯西積分公式

本章將介紹柯西積分定理與柯西積分公式。

5.1　柯西積分定理

1. 【柯西積分定理與公式】本節「柯西積分定理」和下一節「柯西積分公式」的差別：設 $f(z)$ 在單連通的區域 R 內是可解析的，且 C 在 R 內為一簡單封閉路徑（見圖 5-1），

   (1) 柯西積分定理：求 $\oint_C f(z)dz$；

   (2) 柯西積分公式：z_0 在路徑 C 內，求 $\oint_C \dfrac{f(z)}{(z-z_0)^m}dz\,(m \neq 0)$。

   　　註：此時當 $z = z_0$ 時，$\dfrac{f(z)}{(z-z_0)^m}$ 沒定義（多除以 $(z-z_0)$，使得 z 在 z_0 點為不可解析）

2. 【柯西積分定理】

   (1) 若 $f(z)$ 在單連通的區域 R 內是可解析的，則其在簡單封閉路徑 C 的積分值為 0（見圖 5-1），即 $\oint_C f(z)dz = 0$，此性質稱為柯西積分定理（Cauchy's integral theorem）或稱為柯西定理，也稱為 Cauchy-Goursat 定理。

   (2) 說明：若 $f(z)$ 在單連通的區域 R 內是可解析的，則其積分結果只和起點、終點有關，和其積分路徑無關，即若 $F'(z) = f(z)$，則

   $$\int_a^b f(z)dz = F(b) - F(a)$$

   若積分路徑為簡單封閉路徑 C，則起點 (a) 和終點 (b) 重疊，即

   $$\oint_C f(z)dz = F(a) - F(a) = 0$$

(3) 解析性是 $\oint_c f(z)dz = 0$ 的充分條件，而非必要條件；
也就是若 $\oint_c f(z)dz = 0$，$f(z)$ 不一定是解析函數（見例4）

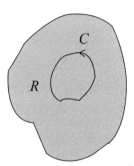

圖 5-1　區域 R 內的封閉路徑 C

例 1　求下列的積分，其中 C 是任意簡單封閉路徑。

(1) $\oint_c \sin z dz$

(2) $\oint_c (z^2 + 2z + 3)dz$

解　(1) 因 $\sin z$ 在簡單封閉路徑 C 內是可解析的，所以
$\oint_c \sin z dz = 0$

(2) 因 $z^2 + 2z + 3$ 在簡單封閉路徑 C 內是可解析的，
所以 $\oint_c (z^2 + 2z + 3)dz = 0$

例 2　求下列的積分，其中 C 是單位圓。

(1) $\oint_c \tan z dz$

(2) $\oint_c \dfrac{1}{z^2 + 9} dz$

解　(1) 因 $\tan z = \dfrac{\sin z}{\cos z}$，它在 $z = \pm \dfrac{\pi}{2}, \pm \dfrac{3\pi}{2}, \cdots$ 點是不可解析

的，但這些點都在單位圓的外面，所以 $\oint_C \tan z\,dz = 0$

(2) 因 $\dfrac{1}{z^2+9}$ 在 $z = \pm 3i$ 點是非解析函的，但這些點都在單位圓的外面，所以 $\oint_C \dfrac{1}{z^2+9}\,dz = 0$

例 3 求 $\oint_C \bar{z}\,dz$ 的積分，其中 C 是單位圓。

做法 路徑 C 為單位圓，則令 $z = e^{it}$ 來解

解 (1) 因 $\bar{z}$ 是非解析函數，不能使用柯西積分定理來解。
C 是單位圓，可設 $z = e^{it}$，$\bar{z} = e^{-it}$，$dz = ie^{it}dt$，$0 \le t < 2\pi$

(2) 所以 $\oint_C \bar{z}\,dz = \int_0^{2\pi} e^{-it} \cdot ie^{it}dt = \int_0^{2\pi} i\,dt = 2\pi i$

例 4 求 $\oint_C \dfrac{1}{z^2}\,dz$ 的積分，其中 C 是單位圓。

解 (1) 因 $\dfrac{1}{z^2}$ 在 $z = 0$ 點是非解析的，所以不能使用柯西積分定理來解。

(2) 此題可用下一節的「柯西積分公式」來解（見例 10(1)），其結果為 $\oint_C \dfrac{1}{z^2}\,dz = 0$

註：此題當然也可以同例 3，令 $z = e^{it}$ 來解，其積分值亦為 0

(3) 此題放在此處的目的是要告訴大家，解析性是 $\oint_C f(z)\,dz = 0$ 的充分條件，而非必要條件（此題 $f(z)$ 在 $z = 0$ 不連續），即若 $f(z)$ 是可解析的，則 $\oint_C f(z)\,dz = 0$，但 $\oint_C f(z)\,dz = 0$，並不一定 $f(z)$ 是可解析的。

3.【多連通區域的柯西積分定理】

(1) 柯西積分定理也適用於多連通區域內的積分

(2) 以雙連通區域為例，若區域 R 是雙連通區域（見圖 5-2），且路徑 C 是由路徑 C_1 和路徑 C_2 組成，其中 C_1 是外部邊界逆時針方向路徑、C_2 是內部邊界順時針方向路徑，若 $f(z)$ 在區域 R 內是可解析的，則其在封閉路徑 C 的積分值為 0，即 $\oint_C f(z)dz = 0$

■證明：(a) 見圖 5-2，連接割線 AE，則區域 $ABDAEFGEA$ 為簡單連通區域，即

$$\oint_{ABDAEFGEA} f(z)dz = 0$$

$$\Rightarrow \int_{ABDA} f(z)dz + \int_{AE} f(z)dz + \int_{EFGE} f(z)dz$$

$$+ \int_{EA} f(z)dz = 0 \cdots\cdots\cdots\cdots\cdots\cdots (1)$$

(b) 因 $\int_{AE} f(z)dz = -\int_{EA} f(z)dz$（積分路徑相反）

(1)式 $\Rightarrow \int_{ABDA} f(z)dz + \int_{EFGE} f(z)dz = 0$

(c) 即 $\oint_C f(z)dz = 0$，其中 C 是區域 R 的邊界（即 $ABDA$ 和 $EFGE$），並以正方向進行（即 C_1 是逆時針方向，C_2 是順時針方向）

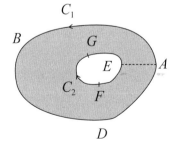

圖 5-2　雙連通區域

(3) 三連通區域亦同（見圖 5-3）

$$\oint_C f(z)dz = \int_{C_1} f(z)dz + \int_{C_2} f(z)dz + \int_{C_3} f(z)dz = 0$$

其中 C_1 是逆時針方向，C_2 和 C_3 是順時針方向

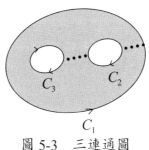

圖 5-3　三連通圖

例 5　求 $\oint_C \dfrac{e^z}{(z-i)} dz$ 之值，其中 C 是由 $|z| = 5$（逆時針方向）

和 $|z| = 3$（順時針方向）所組成的雙連通區域（見圖5-4）

做法　$\oint f(z)dz$，若 $f(z)$ 為可解析函數，則其積分值為 0

解　因 $f(z) = \dfrac{e^z}{z-i}$ 在雙連通區域內是可解析的（$z = i$ 不

在區域內），所以其在封閉路徑 C 的積分值為 0，即

$$\oint_C f(z)dz = 0$$

註：若此題的積分路徑只有 $|z| = 5$ 的逆時針方向，此

時 $z = i$ 在路徑 C 內，則柯西積分定理不適用

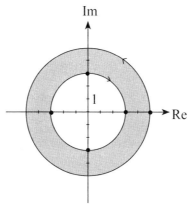

圖 5-4　$|z| < 5$ 和 $|z| > 3$ 的圓環區域

例 6　求 $\oint_C \dfrac{1}{z} dz$ 下列的積分，其中 C 位於 $0.5 < |z| < 2$ 的圓環
　　區域中，$|z| = 2$ 爲逆時針方向，$|z| = 0,5$ 爲順時針方向

做法　同例 5

解　因 $\dfrac{1}{z}$ 在 $0.5 < |z| < 2$ 的圓環區域中是解析的（$z = 0$ 不在
　　此區域內），所以其在封閉路徑 C 的積分值為 0，
　　即 $\oint_C \dfrac{1}{z} dz = 0$

例 7　求 $\oint_C \dfrac{z+2}{z^2(z^2+16)} dz$，其中 C 位於 $1 < |z| < 2$ 的圓環區域中

做法　同例 5

解　因不可解析點 $z = 0$ 和 $z = \pm 4i$ 均不在圓環內，所以其積
　　分為 0，即

$$\oint_C \frac{z+2}{z^2(z^2+16)} dz = 0$$

5.2 柯西積分公式

4.【柯西積分公式】

(1) 若 $f(z)$ 在單連通的區域 R 內是可解析的，且曲線 C 是在區域 R 內的任一簡單封閉曲線，z_0 為曲線 C 內的任意點（見圖 5-5），則

$$\oint_C \frac{f(z)}{z - z_0} dz = 2\pi i f(z_0) \text{ 或 } f(z_0) = \frac{1}{2\pi i} \oint_C \frac{f(z)}{z - z_0} dz$$

<<< 證明省略 >>>

■用法：要求 $\oint_C \frac{f(z)}{z - z_0} dz$ 時，

(a) 去掉極點 $z - z_0$，剩下 $f(z)$

(b) $f(z)$ 的 z 用 z_0 代入，即為 $f(z_0)$

(c) $f(z_0)$ 再乘上 $2\pi i$（即 $2\pi i f(z_0)$）就是 $\oint_C \frac{f(z)}{z - z_0} dz$ 的結果

(2) 上面路徑 C 是以逆時針方向（正方向）來做的積分；若路徑 C 以順時針方向（逆向）積分，則其前面要多一個負號

(3) 此公式（$\oint_C \frac{f(z)}{z - z_0} dz = 2\pi i f(z_0)$）稱為柯西積分公式

(4) 分母 $(z - z_0)$ 中，z 的係數要為 1

(5) 分母只能有一個不可解析的點，例如：不能為

$\oint_C \frac{f(z)}{(z - z_1)(z - z_2)} dz$，它要先用部分分式法化成二項相加，再用柯西積分公式解之

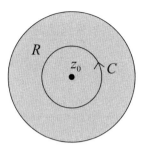

圖 5-5　區域 R 內的一封閉曲線 C 內的一不可解析點 z_0

例 8　求下列的積分，其中 C 為圓 $|z| = 3$

(a) $\oint_C \dfrac{2z + 3}{z + 1} dz$

(b) $\oint_C \dfrac{z + 3}{2z - i} dz$

(c) $\oint_C \dfrac{\cos(\pi z)}{(z - 1)(z - 2)} dz$

(d) $\oint_C \dfrac{e^z}{(z - 1)(z - 2)(z - 4)} dz$

做法　(1) 利用柯西積分公式來解，即 $\oint_C \dfrac{f(z)}{z - z_0} dz = 2\pi i f(z_0)$

(2) 分母 $(z - z_0)$ 中，z 的係數要為 1

(3) 若分母有二項（或以上）相乘，要先用部分分式法
化成單項相加

(4) 若 z_0 不在積分區域 C 內，則不用處理

解　(a) $\oint_C \dfrac{2z + 3}{z + 1} dz = 2\pi i [2z + 3]_{z = -1} = 2\pi i$

(b) $\oint_C \dfrac{z + 3}{2z - i} dz = \oint_C \dfrac{\dfrac{z}{2} + \dfrac{3}{2}}{z - \dfrac{i}{2}} dz = 2\pi i (\dfrac{z}{2} + \dfrac{3}{2})_{z = \frac{i}{2}} = \pi i (\dfrac{i}{2} + 3)$

(c) $\dfrac{1}{(z - 1)(z - 2)} = \dfrac{1}{z - 2} - \dfrac{1}{z - 1}$

$$\oint_C \frac{\cos(\pi z)}{(z-1)(z-2)} dz = \oint_C \frac{\cos(\pi z)}{z-2} dz - \oint_C \frac{\cos(\pi z)}{z-1} dz$$

$$= 2\pi i[\cos(\pi z)]_{z=2} - 2\pi i[\cos(\pi z)]_{z=1} = 2\pi i \cdot 1 - 2\pi i(-1)$$

$$= 4\pi i$$

(d) $\dfrac{1}{(z-1)(z-2)(z-4)} = \dfrac{\frac{1}{3}}{z-1} + \dfrac{-\frac{1}{2}}{z-2} + \dfrac{\frac{1}{6}}{z-4}$

$$\oint_C \frac{e^z}{(z-1)(z-2)(z-4)} dz = \oint_C \frac{\frac{1}{3}e^z}{z-1} dz + \oint_C \frac{-\frac{1}{2}e^z}{z-2} dz + \oint_C \frac{\frac{1}{6}e^z}{z-4} dz$$

$$= 2\pi i[\frac{1}{3}e^z]_{z=1} + 2\pi i[-\frac{1}{2}e^z]_{z=2} + 0 = i[\frac{2}{3}\pi e - \pi e^2]$$

註：因點 $z=4$ 不在 C 區域內，所以其積分為 0

5. 【多連通區域的柯西積分公式】若區域 R 是雙連通區域、
$f(z)$ 在區域 R 內是可解析的（圖 5-6），曲線 C 是由曲線
C_1 和曲線 C_2 組成，且曲線 C_1 和曲線 C_2 是分別在區域 R
的外部邊緣和內部邊緣，z_0 為區域 R 內的任意點，則

$$\oint_C \frac{f(z)}{z-z_0} dz = \oint_{C_1} \frac{f(z)}{z-z_0} dz + \oint_{C_2} \frac{f(z)}{z-z_0} dz = 2\pi i f(z_0)$$

其中：路徑 C_1 是以逆時針方向、路徑 C_2 是以順時針方向
　　　來做的積分

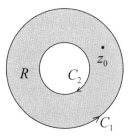

圖 5-6　曲線 C_1 和曲線 C_2 中的一點 z_0

例 9 求 $\oint_C \dfrac{e^z}{(z-i)} dz$ 之值，其中 C 是由 $|z| = 5$（逆時針方向）

和 $|z| = 0.5$（順時針方向）所組成的雙連通區域

做法 同例 8

解 點 $z = i$ 在雙連通區域內，所以

$$\oint_C \frac{e^z}{(z-i)} dz = 2\pi i[e^z]_{z=i} = 2\pi i e^i$$

例 10 求 $\oint_C \dfrac{e^z}{(z+i)(z-1)} dz$ 的積分，其中 C 位於 $0.5 < |z| < 3$ 的

圓環區域中。

做法 同例 8

解 $\dfrac{1}{(z+i)(z-1)} = \dfrac{-\frac{1}{2}(1-i)}{z+i} + \dfrac{\frac{1}{2}(1-i)}{z-1}$（部分分式法）

因 $z = -i$ 和 $z = 1$ 在雙連通區域內，所以

$$\oint_C \frac{e^z}{(z+i)(z-1)} dz = \oint_C \frac{-\frac{1}{2}(1-i)e^z}{z+i} dz + \oint_C \frac{\frac{1}{2}(1-i)e^z}{z-1} dz$$

$$= 2\pi i \left[-\frac{1}{2}(1-i)e^z \right]_{z=-i} + 2\pi i \left[\frac{1}{2}(1-i)e^z \right]_{z=1}$$

$$= -\pi i(1-i)e^{-i} + \pi i(1-i)e$$

6.【解析函數的導數】若 $f(z)$ 在區域 R 內（單連通或多連通）

是可解析的，則

(1) $f(z)$ 的所有導數，在區域 R 內亦是可解析的

(2) $f(z)$ 在區域 R 內的 z_0 點的導數公式如下

(a) 一階導數：$f'(z_0) = \dfrac{1}{2\pi i} \oint_C \dfrac{f(z)}{(z-z_0)^2} dz$ 或

$$\oint_C \frac{f(z)}{(z-z_0)^2} dz = 2\pi i f'(z_0)$$

(b) 二階導數：$f''(z_0) = \dfrac{2!}{2\pi i} \oint_C \dfrac{f(z)}{(z-z_0)^3} \, dz$ 或

$$\oint_C \dfrac{f(z)}{(z-z_0)^3} \, dz = \dfrac{2\pi i}{2!} f''(z_0)$$

(c) $(n-1)$ 階導數：$f^{(n-1)}(z_0) = \dfrac{(n-1)!}{2\pi i} \oint_C \dfrac{f(z)}{(z-z_0)^n} \, dz$ 或

$$\oint_C \dfrac{f(z)}{(z-z_0)^n} \, dz = \dfrac{2\pi i}{(n-1)!} f^{(n-1)}(z_0)$$

註：當 $n = 1$ 時，就與第 4 點的柯西積分公式相同

■用法：要求 $\oint_C \dfrac{f(z)}{(z-z_0)^m} dz$ 與求 $\oint_C \dfrac{f(z)}{z-z_0} dz$ 的做法相類似，只是多加了 2 個步驟：

(a) 去掉極點 $(z-z_0)^m$，剩下 $f(z)$

(b) 對 $f(z)$ 做 $(m-1)$ 次微分，即 $\dfrac{d^{m-1}}{dz^{m-1}} f(z)$

(c) 再除以 $(m-1)!$，即 $\dfrac{1}{(m-1)!} \dfrac{d^{m-1}}{dz^{m-1}} f(z)$

(d)(c) 的結果的 z 再用 z_0 代入，再乘以 $2\pi i$

(3) 上述的曲線 C 在區域 R 內是圍著點 z_0 的任何簡單封閉路徑，且路徑 C 是以逆時針方向來做的積分

例 11　求下列的積分，其中 C 為圓 $|z| = 3$

(1) $\oint_C \dfrac{1}{z^2} \, dz$（例 4 題目）

(2) $\oint_C \dfrac{\sin z}{z^2} \, dz$

(3) $\oint_C \dfrac{z^3 + 2z + 3}{(z - 2i)^3} \, dz$

(4) $\oint_C \dfrac{e^{2z}}{(z-1)^4} \, dz$

(5) $\oint_C \dfrac{\cos z}{(z-1)^2(z+4)} dz$

(6) $\oint_C [\dfrac{e^z}{z^4} + 2z] dz$

做法　(1) 利用 $\oint_C \dfrac{f(z)}{(z-z_0)^n} dz = \dfrac{2\pi i}{(n-1)!} f^{(n-1)}(z_0)$ 來解

(2) 若 z_0 不在路徑 C 內，則不用處理

解　(1) $\oint_C \dfrac{1}{z^2} dz = \dfrac{2\pi i}{1!}(1)' \big|_{z=0} = 2\pi i \cdot 0 \big|_{z=0} = 0$

(2) $\oint_C \dfrac{\sin z}{z^2} dz = \dfrac{2\pi i}{1!}(\sin z)' \big|_{z=0} = 2\pi i \cos z \big|_{z=0} = 2\pi i$

(3) $\oint_C \dfrac{z^3 + 2z + 3}{(z-2i)^3} dz = \dfrac{2\pi i}{2!}(z^3 + 2z + 3)'' \big|_{z=2i} = \pi i(6z) \big|_{z=2i}$

$$= -12\pi$$

(4) $\oint_C \dfrac{e^{2z}}{(z-1)^4} dz = \dfrac{2\pi i}{3!}(e^{2z})^{(3)} \big|_{z=1} = \dfrac{2\pi i}{3!} \cdot 8e^{2z} \big|_{z=1} = \dfrac{8\pi i}{3} e^2$

(5) $\dfrac{1}{(z-1)^2(z+4)} = \dfrac{-\dfrac{1}{25}}{z-1} + \dfrac{\dfrac{1}{5}}{(z-1)^2} + \dfrac{\dfrac{1}{25}}{z+4}$ （部分分式法）

$$\oint_C \dfrac{\cos z}{(z-1)^2(z+4)} dz = \oint_C \dfrac{-\dfrac{1}{25}\cos z}{z-1} dz + \oint_C \dfrac{\dfrac{1}{5}\cos z}{(z-1)^2} dz + \oint_C \dfrac{\dfrac{1}{25}\cos z}{z+4} dz$$

$$= 2\pi i(-\dfrac{1}{25}\cos z)_{z=1} + \dfrac{2\pi i}{1!}(\dfrac{1}{5}\cos z)' \big|_{z=1} + 0$$

$$= -\dfrac{2\pi i \cos(1)}{25} - \dfrac{2\pi i \sin(1)}{5}$$

（註：$z = -4$ 在曲線 C 的外面）

(6) $\oint_C [\dfrac{e^z}{z^4} + 2z] dz = \oint_C \dfrac{e^z}{z^4} dz + \oint_C 2z\, dz = \dfrac{2\pi i}{3!}(e^z)^{(3)} \big|_{z=0} + 0$

$$= \dfrac{2\pi i}{3!} \cdot e^z \big|_{z=0} = \dfrac{\pi i}{3}$$

練習題

1. 求下列的積分值

   (1) $\oint_C \dfrac{e^z}{z-2} dz$，(i) C 是圓 $|z| = 5$，(ii) C 是圓 $|z| = 1$；

   (2) $\oint_C \dfrac{\sin 3z}{z+\pi/2} dz$，$C$ 是圓 $|z| = 5$；

   (3) $\oint_C \dfrac{e^{iz}}{z^3} dz$，$C$ 是圓 $|z| = 2$；

   答 (1) (i) $2\pi i \cdot e^2$，(ii) 0；(2) $2\pi i$；(3) $-\pi i$

2. 求 $\dfrac{1}{2\pi i} \oint_C \dfrac{\cos \pi z}{z^2 - 1} dz$ 的積分值，其中 C 是矩形，其頂點在：

   (1) $2 \pm i, -2 \pm i$，(2) $-i, 2 - i, 2 + i, i$

   答 (1) 0；(2) $-1/2$

3. 若 $t > 0$，求

   (1) $\dfrac{1}{2\pi i} \oint_C \dfrac{e^{zt}}{z^2 + 1} dz$，$C$ 是圓 $|z| = 3$

   (2) $\dfrac{1}{2\pi i} \oint_C \dfrac{e^{zt}}{(z^2 + 1)^2} dz$，$C$ 是圓 $|z| = 5$

   答 (1) $\sin t$，(2) $(\sin t - t \cos t)/2$

第 **6** 章　無窮級數

本章將介紹數列、級數、冪級數，泰勒級數與馬克勞林級數，奇點與零點和羅倫級數等單元。本章前半部分所討論的內容與微積分中的無窮級數類似。

6.1　數列

1. 【數列的意義】
   (1) 數列是排成一列的數，數列內的每一個數值是此數列的一個項次（term）。數列可寫成：$z_1, z_2, z_3, \cdots$ 或 $\{z_n\}$。
   (2) 若數列 $\{z_n\}$ 的個數是有限個，稱為有限數列；若數列 $\{z_n\}$ 的個數是無限多個，稱為無窮數列。

2. 【收斂數列】若數列 $z_1, z_2, z_3, \cdots$ 最後有一個極限值 c，即 $\lim\limits_{n \to \infty} z_n = c$，則稱此數列收斂（convergence）；反之，若數列 $z_1, z_2, z_3, \cdots$ 最後無法趨近到某一數值，則稱此數列發散（divergence）。

3. 【複數數列收斂】有一複數數列 $\{z_n = x_n + iy_n\}$，其中 $n = 1, 2, 3, \cdots$，若其實數數列 $x_1, x_2, x_3, \cdots$ 收斂到 a，且其虛數數列 $y_1, y_2, y_3, \cdots$ 收斂到 b，則此複數數列收斂到 $a + ib$，即 $\lim\limits_{n \to \infty} z_n = x_n + iy_n = a + bi$

例1 請問下列數列是收斂？還是發散？

(1) 數列 $\{i^n\}\big|_{n=1}^{\infty}$；(2) 數列 $\{\dfrac{1+i^n}{n}\}\big|_{n=1}^{\infty}$

做法 若 $\lim\limits_{n\to\infty} a_n$ 收斂，則該數列就收斂，若 $\lim\limits_{n\to\infty} a_n$ 發散，則該數列就發散

解 (1) 數列 $\{i^n\}\big|_{n=1}^{\infty} = \{i, -1, -i, 1, \cdots\}$，

因 $\lim\limits_{n\to\infty} a_n$ 無法趨近到某一數（在 $i, -1, -i, 1$ 之間跳來跳去），所以此數列是發散

(2) 數列 $\{\dfrac{1+i^n}{n}\}\big|_{n=1}^{\infty}$，當 $\lim\limits_{n\to\infty} \dfrac{1+i^n}{n} = 0$，所以此數列是收斂

例2 求下列數列收斂值為何？

(1) 數列 $z_n = (1 + \dfrac{2}{n} - \dfrac{3}{n^2}) + i(2 + \dfrac{\sin n}{n^2})$；

(2) 數列 $z_n = (\dfrac{2n+3}{n}) + i(2 + \dfrac{\sqrt{n}}{n^2})$

做法 同例 1

解 (1) $\lim\limits_{n\to\infty} z_n = \lim\limits_{n\to\infty}[(1 + \dfrac{2}{n} - \dfrac{3}{n^2}) + i(2 + \dfrac{\sin n}{n^2})] = 1 + 2i$

(2) $\lim\limits_{n\to\infty} z_n = \lim\limits_{n\to\infty}[(\dfrac{2n+3}{n}) + i(2 + \dfrac{\sqrt{n}}{n^2})] = 2 + 2i$

6.2　級數

4.【級數的意義】

(1) 將數列的每一個數相加起來就稱為級數，例如：

$$s_n = z_1 + z_2 + z_3 + \cdots\cdots + z_n；$$

(2) 若級數 s_n 的個數是有限個，稱為有限級數；若級數 s_n 的個數是無限多個，稱為無窮級數。

5.【收斂級數】

(1) 若無窮級數趨近於某一數值，即 $\lim\limits_{n\to\infty} s_n = s$（為一複數）時，則此級數為收斂級數，其也可以表示成

$$\lim\limits_{n\to\infty} s_n = \sum_{k=1}^{\infty} z_k = z_1 + z_2 + z_3 + \cdots\cdots = s；$$

(2) 若無窮級數 $\lim\limits_{n\to\infty} s_n$ 無法趨近到某一數值時，此級數為發散級數。

6.【複數級數收斂】有一複數級數 $\sum\limits_{k=1}^{\infty} z_k = \sum\limits_{k=1}^{\infty}(x_k + iy_k)$，若其實數級數 $x_1 + x_2 + x_3 \cdots\cdots$ 收斂到 a，且其虛數級數 $y_1 + y_2 + y_3 \cdots\cdots$ 收斂到 b，則此複數級數收斂到 $a + ib$

7.【絕對收斂與條件收斂】

(1) 若級數每一項次的絕對值的總和為收斂，即 $\sum\limits_{k=1}^{\infty} |z_k| = |z_1| + |z_2| + |z_3| + \cdots\cdots$ 收斂，此級數稱為絕對收斂，此時 $\sum\limits_{k=1}^{\infty} z_k$（沒加絕對值）必收斂；

(2) 若級數的絕對值總和（$\sum\limits_{k=1}^{\infty} |z_k|$）發散，但此級數（$\sum\limits_{k=1}^{\infty} z_k$）收斂，此級數稱為條件收斂。

8. 【收斂條件】

   (1) 若級數 $\sum\limits_{k=1}^{\infty} z_k$ 收斂，則 $\lim\limits_{k \to \infty} z_k = 0$（必為 0，與「數列」

      不同）（為充分條件非必要條件），即若 $\lim\limits_{k \to \infty} z_k = 0$，

      則級數 $\sum\limits_{k=1}^{\infty} z_k$ 不一定收斂或發散。例如：$\lim\limits_{k \to \infty} \dfrac{1}{k} = 0$，但

      $\sum\limits_{k=1}^{\infty} \dfrac{1}{k}$ 發散；

   (2) 若 $\lim\limits_{k \to \infty} z_k \neq 0$（不為 0），則級數 $\sum\limits_{k=1}^{\infty} z_k$ 必為發散級數。

9. 【收斂檢查法】級數 $\sum\limits_{k=1}^{\infty} z_k$ 是否收斂，有下列幾種常見的檢

   查方法：

   (1) 比較檢查法：

     (a) 若級數 $\sum\limits_{k=1}^{\infty} |u_k|$ 絕對收斂且 $|z_k| \leq |u_k|$，則 $\sum\limits_{k=1}^{\infty} z_k$ 絕對收

       斂（大的收斂，小的一定收斂）；

     (b) 若級數 $\sum\limits_{k=1}^{\infty} |u_k|$ 發散且 $|z_k| \geq |u_k|$，則 $\sum\limits_{k=1}^{\infty} |z_k|$ 發散，

       但 $\sum\limits_{k=1}^{\infty} z_k$ 可能收斂或發散（小的發散，大的一定發

       散）。

   (2) 幾何級數檢查法：若級數 $\sum\limits_{k=1}^{\infty} z_k$ 為幾何級數，其公比為 a，

     (a) 若 $|a| < 1$，則 $\sum\limits_{k=1}^{\infty} z_k$ 收斂；

     (b) 若 $|a| \geq 1$，則 $\sum\limits_{k=1}^{\infty} z_k$ 發散。

   (3) 比值檢查法：設 $\lim\limits_{k \to \infty} \left| \dfrac{z_{k+1}}{z_k} \right| = L$，

     (a) 若 $L < 1$，則 $\sum\limits_{k=1}^{\infty} z_k$ 絕對收斂；

     (b) 若 $L > 1$，則 $\sum\limits_{k=1}^{\infty} z_k$ 發散；

(c) 若 $L = 1$，則此檢驗法無效。

(4) n 次方根檢查法：設 $\lim_{n \to \infty} \sqrt[n]{|z_n|} = L$

   (a) 若 $L < 1$，則 $\sum_{k=1}^{\infty} z_k$ 絕對收斂；

   (b) 若 $L > 1$，則 $\sum_{k=1}^{\infty} z_k$ 發散；

   (c) 若 $L = 1$，則此檢驗法無效。

(5) 積分檢查法：若當 $x \geq a$，$f(x) \geq 0$ 時，

   $\sum f(n)$ 收斂或發散，全視 $\lim_{k \to \infty} \int_a^k f(x)dx$ 收斂或發散而定。

(6) 交錯級數檢查法：

   若 $a_n \geq 0$，$a_{n+1} \leq a_n$ 且 $\lim_{n \to \infty} a_n = 0$，則

   $\sum (-1)^{n-1} a_n = a_1 - a_2 + a_3 - a_4 + \cdots$ 收斂。

例 3 求下列級數 $\sum_{n=1}^{\infty} z_n$ 會發散或收斂

   (1) $z_n = \dfrac{i^n}{n!}$；(2) $z_n = \dfrac{n}{2^n} + \dfrac{e^{in}}{3^n}$

做法 用比值檢查法來求

解 (1) $\lim_{n \to \infty} \left| \dfrac{z_{n+1}}{z_n} \right| = \lim_{n \to \infty} \left| \dfrac{\dfrac{i^{(n+1)}}{(n+1)!}}{\dfrac{i^n}{n!}} \right| = \lim_{n \to \infty} \left| \dfrac{i}{n+1} \right| = 0 < 1$

    此級數收斂

(2) (a) $\lim_{n \to \infty} \left| \dfrac{z_{n+1}}{z_n} \right| = \lim_{n \to \infty} \left| \dfrac{\dfrac{(n+1)}{2^{n+1}}}{\dfrac{n}{2^n}} \right| = \lim_{n \to \infty} \left| \dfrac{(n+1)}{2n} \right| = \dfrac{1}{2} < 1$

此級數收斂

(b) $\lim\limits_{n \to \infty} \left| \dfrac{z_{n+1}}{z_n} \right| = \lim\limits_{n \to \infty} \left| \dfrac{\dfrac{e^{i(n+1)}}{3^{n+1}}}{\dfrac{e^{in}}{3^n}} \right| = \lim\limits_{n \to \infty} \left| \dfrac{e^i}{3} \right| = \dfrac{1}{3} < 1$

此級數收斂

(c) 因 (a)(b) 均收斂，所以 (a) + (b) 亦收斂

例 4 (1) 若 $m > 1$，求 $\sum\limits_{n=1}^{\infty} \dfrac{1}{n^m}$ 級數是否收斂

(2) 若 $|z| \le 1$，求級數 $\sum\limits_{n=1}^{\infty} \dfrac{z^n}{n(n+1)}$ 是否收斂

解 (1) 做法：用積分檢查法：

$$\lim\limits_{k \to \infty} \int_1^k \dfrac{1}{x^m}\, dx = \lim\limits_{k \to \infty} \dfrac{x^{1-m}}{1-m} \Big|_{x=1}^{k} = \lim\limits_{k \to \infty} \left(\dfrac{k^{1-m}}{1-m} \right) - \dfrac{1}{1-m}$$

因 $m > 1 \Rightarrow 1 - m < 0 \Rightarrow \lim\limits_{k \to \infty} \dfrac{k^{1-m}}{1-m} = 0$

所以 $\lim\limits_{k \to \infty} \int_1^k \dfrac{1}{x^m}\, dx = -\dfrac{1}{1-m}$ 收斂，也就是 $\sum\limits_{n=1}^{\infty} \dfrac{1}{n^m}$ 收斂

(2) 做法：用比較檢查法：

因 $|z| \le 1 \Rightarrow \left| \dfrac{z^n}{n(n+1)} \right| = \dfrac{|z^n|}{n(n+1)} \le \dfrac{1}{n(n+1)} < \dfrac{1}{n^2}$

由 (1) 知 $\sum\limits_{n=1}^{\infty} \dfrac{1}{n^2}$ 收斂，所以 $\sum\limits_{n=1}^{\infty} \dfrac{z^n}{n(n+1)}$ 也收斂

6.3　冪級數

10.【何謂冪級數】

(1)若級數是以 $(z-z_0)$ 的次方表示，即級數為：

$$\sum_{k=0}^{\infty}a_k(z-z_0)^k = a_0 + a_1(z-z_0) + a_2(z-z_0)^2 + \cdots\cdots$$

此級數稱為 $(z-z_0)$ 的冪級數（power series），其中 $a_0, a_1, a_2, \cdots\cdots$ 稱為此級數的係數常數，z_0 稱為此級數的中心常數。

(2)若 $z_0 = 0$，此冪級數變成 z 的次方，即

$$\sum_{k=0}^{\infty}a_k z^k = a_0 + a_1 z + a_2 z^2 + \cdots\cdots$$

11.【冪級數的收斂】冪級數 $\sum_{k=0}^{\infty}a_k(z-z_0)^k$ 中，

(1) 在 $z = z_0$ 處一定收斂（因 z 用 z_0 代入，冪級數 $\sum_{k=0}^{\infty}a_k(z-z_0)^k = a_0$）；

(2) 若 R 為一實數，且冪級數在 $|z - z_0| < R$ 的所有 z 值均收斂，而在 $|z - z_0| > R$ 的所有 z 值均發散，則 $|z - z_0| = R$ 的圓稱為收斂圓，R 稱為收斂半徑（radius of convergence）。

（註：在 $|z-z_0| = R$ 的圓上，可能是收斂，也可能是發散）

12.【收斂半徑的判斷】

(1) 在冪級數 $\sum_{k=1}^{\infty}a_k(z-z_0)^k$ 中，若數列 $\left|\dfrac{a_{n+1}}{a_n}\right|$，$n = 1, 2, 3, \cdots\cdots$ 收斂，且 $\lim\limits_{n\to\infty}\left|\dfrac{a_{n+1}}{a_n}\right| = L$，則此冪級數的收斂半徑 $R = \dfrac{1}{L}$。

(2) 收斂半徑的意思是

(a) 在收斂半徑內的點 z 代入冪級數 $\sum\limits_{k=1}^{\infty} a_k (z - z_0)^k$ 中，此冪級數會收斂；

(b) 在收斂半徑外的點 z 代入冪級數 $\sum\limits_{k=1}^{\infty} a_k (z - z_0)^k$ 中，此冪級數會發散；

(c) 在收斂半徑上的點，此級數可能收斂或發散。

(3) (a) 若收斂半徑 $R = 0$，表示此冪級數只有在 $z = z_0$ 處收斂；

(b) 若收斂半徑 $R = \infty$，表示此冪級數的任何 z 值均收斂。

(4) 又由收斂檢查法中的比值檢查法知，設 $\lim\limits_{k \to \infty} \left| \dfrac{z_{k+1}}{z_k} \right| = L$，其收斂條件為 $L < 1$

例 5 (1) 求級數 $z(1 - 2z) + z^2(1 - 2z) + z^3(1 - 2z) + z^4(1 - 2z) +$ ……的收斂半徑？(2) 求其值？

做法 若 $\lim\limits_{n \to \infty} \left| \dfrac{a_{n+1}}{a_n} \right| = L$，則此級數的收斂條件為 $L < 1$，收斂半徑 $R = \dfrac{1}{L}$

解 (1) $\lim\limits_{n \to \infty} \left| \dfrac{a_{n+1}}{a_n} \right| = \lim\limits_{n \to \infty} \left| \dfrac{z^{(n+1)}(1-2z)}{z^n(1-2z)} \right| = |z| < 1$

所以其收斂半徑為 $|z| < 1$

(2) $z(1-2z) + z^2(1-2z) + z^3(1-2z) + z^n(1-2z) + \cdots\cdots$

$= (1-2z)\dfrac{z}{1-z}$，其中 $|z| < 1$（等比級數）

例 6 求下列級數的收斂半徑

$$(1) \sum_{n=1}^{\infty} \frac{(z+1)^n}{2^n n^2} \; ; \; (2) \sum_{n=1}^{\infty} \frac{z^{2n-1}}{(2n+1)!} \; ; \; (3) \sum_{n=1}^{\infty} (2n+1)! \, z^{2n-1}$$

做法 同例 5

解 (1) $a_n = \dfrac{(z+1)^n}{2^n n^2}$, $a_{n+1} = \dfrac{(z+1)^{n+1}}{2^{n+1}(n+1)^2}$

$$\lim_{n\to\infty} \left| \frac{a_{n+1}}{a_n} \right| = \lim_{n\to\infty} \left| \frac{\dfrac{(z+1)^{n+1}}{2^{n+1}(n+1)^2}}{\dfrac{(z+1)^n}{2^n n^2}} \right| = \lim_{n\to\infty} \left| \frac{(z+1)}{2} \cdot \left(\frac{n}{n+1} \right)^2 \right|$$

$$= \lim_{n\to\infty} \left| \frac{(z+1)}{2} \cdot \left(\frac{1}{1+\dfrac{1}{n}} \right)^2 \right|$$

$$= \left| \frac{(z+1)}{2} \right| < 1 \Rightarrow |z+1| < 2$$

$L = 2$，所以其收斂半徑為 $1/2$

(2) $a_n = \dfrac{z^{2n-1}}{(2n+1)!}$, $a_{n+1} = \dfrac{z^{2n+1}}{(2n+3)!}$

$$\lim_{n\to\infty} \left| \frac{a_{n+1}}{a_n} \right| = \lim_{n\to\infty} \left| \frac{\dfrac{z^{2n+1}}{(2n+3)!}}{\dfrac{z^{2n-1}}{(2n+1)!}} \right| = \lim_{n\to\infty} \left| \frac{z^2}{(2n+2)(2n+3)} \right| = 0$$

$L = 0$，所以其收斂半徑為 ∞

(3) $a_n = (2n+1)! \, z^{2n-1}$, $a_{n+1} = (2n+3)! \, z^{2n+1}$

$$\lim_{n\to\infty} \left| \frac{a_{n+1}}{a_n} \right| = \lim_{n\to\infty} \left| \frac{(2n+3)! \, z^{2n+1}}{(2n+1)! \, z^{2n-1}} \right|$$

$$= \lim_{n\to\infty} \left| (2n+2)(2n+3) z^2 \right| = \infty$$

$L = \infty$，所以其收斂半徑為 0

13.【冪級數微分與積分】

(1) 冪級數 $\sum\limits_{k=1}^{\infty} a_k(z-z_0)^k$ 在收斂圓內的任何區域，可逐項
微分或逐項積分，且微分或積分後的級數與原冪級數
有相同的收斂半徑。

(2) 每一個解析函數均可表示成冪級數的形式

6.4 泰勒級數與馬克勞林級數

14.【泰勒級數】

(1) 和實數的泰勒級數（Taylor series）一樣，複數泰勒級數為：

$$f(z) = \sum_{n=0}^{\infty} a_n (z - z_0)^n$$

其中 $a_n = \dfrac{1}{n!} f^{(n)}(z_0)$，也就是

$$f(z) = \sum_{n=0}^{\infty} a_n (z - z_0)^n = f(z_0) + \frac{f'(z_0)}{1!}(z - z_0)$$

$$+ \frac{f''(z_0)}{2!}(z - z_0)^2 + \cdots + \frac{f^{(k)}(z_0)}{k!}(z - z_0)^k + \cdots$$

(2) 由此可知，泰勒級數為一冪級數，冪級數表示它是可解析函數。

(3) 每一個可解析的函數都可以表示成泰勒級數。

15.【馬克勞林級數】和實數的馬克勞林級數（Maclaurin series）一樣，若複數泰勒級數 $f(z) = \sum_{k=0}^{\infty} a_k (z - z_0)^k$ 的 $z_0 = 0$，此級數稱為馬克勞林級數，即 $f(z) = \sum_{k=0}^{\infty} a_k z^k$

例 7 (1) 求 $f(z) = \sin z$ 以 $z = \pi/4$ 展開的泰勒級數

(2) 求 $f(z) = \ln(1 + z)$ 的馬克勞林級數

(3) 求 $f(z) = \ln(\dfrac{1 + z}{1 - z})$ 的馬克勞林級數

做法 直接代泰勒級數或馬克勞林級數公式來解

解 (1) $f(z) = f(a) + \dfrac{f'(a)}{1!}(z - a) + \dfrac{f''(a)}{2!}(z - a)^2$

$$+ \frac{f'''(a)}{3!}(z - a)^3 + \cdots$$

a 用 $\dfrac{\pi}{4}$ 代入

$$f(z) = \sin z \Rightarrow f(\pi/4) = \sqrt{2}/2$$

$$f'(z) = \cos z \Rightarrow f'(\pi/4) = \sqrt{2}/2$$

$$f''(z) = -\sin z \Rightarrow f''(\pi/4) = -\sqrt{2}/2$$

$$f'''(z) = -\cos z \Rightarrow f'''(\pi/4) = -\sqrt{2}/2$$

所以 $f(z) = \dfrac{\sqrt{2}}{2} + \dfrac{\sqrt{2}/2}{1!}(z - \dfrac{\pi}{4}) + \dfrac{-\sqrt{2}/2}{2!}(z - \dfrac{\pi}{4})^2$

$$+ \dfrac{-\sqrt{2}/2}{3!}(z - \dfrac{\pi}{4})^3 + \cdots$$

(2) $f(z) = f(a) + \dfrac{f'(a)}{1!}z + \dfrac{f''(a)}{2!}z^2 + \dfrac{f'''(a)}{3!}z^3 + \cdots$

a 用 0 代入

$$f(z) = \ln(1+z) \Rightarrow f(0) = 0$$

$$f'(z) = 1/(1+z) = (1+z)^{-1} \Rightarrow f'(0) = 1$$

$$f''(z) = -(1+z)^{-2} \Rightarrow f''(0) = -1$$

$$f'''(z) = 2(1+z)^{-3} \Rightarrow f'''(0) = 2$$

$$f^{(4)}(z) = (2)(-3)(1+z)^{-4} \Rightarrow f^{(4)}(0) = (-1)^{(4-1)}(4-1)!$$

$$f(z) = f(0) + \dfrac{f'(0)}{1!}z + \dfrac{f''(0)}{2!}z^2 + \dfrac{f'''(0)}{3!}z^3 + \cdots$$

$$= z - \dfrac{z^2}{2} + \dfrac{z^3}{3} - \dfrac{z^4}{4} + \cdots$$

(3) $f(z) = \ln(\dfrac{1+z}{1-z}) = \ln(1+z) - \ln(1-z)$

由 (2) 知，$\ln(1+z) = z - \dfrac{z^2}{2} + \dfrac{z^3}{3} - \dfrac{z^4}{4} + \cdots\cdots$ (a)

$$\ln(1-z) = -z - \frac{z^2}{2} - \frac{z^3}{3} - \frac{z^4}{4} - \cdots\cdots \text{ (b)}$$

$$(a) - (b) \Rightarrow f(z) = 2z + \frac{2z^3}{3} + \frac{2z^5}{5} + \cdots$$

16.【常見的泰勒級數】常見的複數泰勒級數有（展開的級數要是收斂級數）：

(1) $\dfrac{1}{1-z} = \sum\limits_{k=0}^{\infty} z^k = 1 + z + z^2 + z^3 + \cdots\cdots, \; |z| < 1$（展開式的 $|z| < 1$，才會收斂）

(2) $e^z = \sum\limits_{k=0}^{\infty} \dfrac{z^k}{k!} = 1 + \dfrac{z}{1!} + \dfrac{z^2}{2!} + \dfrac{z^3}{3!} + \cdots\cdots, \; |z| < \infty$

（任何的 z 值均收斂）

(3) $\cos(z) = \sum\limits_{k=0}^{\infty} (-1)^k \dfrac{z^{2k}}{(2k)!} = 1 - \dfrac{z^2}{2!} + \dfrac{z^4}{4!} - + \cdots\cdots, \; |z| < \infty$

(4) $\sin(z) = \sum\limits_{k=0}^{\infty} (-1)^k \dfrac{z^{2k+1}}{(2k+1)!} = z - \dfrac{z^3}{3!} + \dfrac{z^5}{5!} - + \cdots\cdots, \; |z| < \infty$

(5) $\cosh(z) = \sum\limits_{k=0}^{\infty} \dfrac{z^{2k}}{(2k)!} = 1 + \dfrac{z^2}{2!} + \dfrac{z^4}{4!} + \cdots\cdots, \; |z| < \infty$

(6) $\sinh(z) = \sum\limits_{k=0}^{\infty} \dfrac{z^{2k+1}}{(2k+1)!} = z + \dfrac{z^3}{3!} + \dfrac{z^5}{5!} + \cdots\cdots, \; |z| < \infty$

(7) $\ln(1+z) = \sum\limits_{k=1}^{\infty} (-1)^{k+1} \dfrac{z^k}{k} = z - \dfrac{z^2}{2} + \dfrac{z^3}{3} - + \cdots\cdots, \; |z| < 1$

(8) $\dfrac{1}{(1+z)^m} = (1+z)^{-m} = \sum\limits_{k=0}^{\infty} C(-m, k) z^k$

$$= 1 - mz + \frac{m(m+1)}{2!} z^2 - \frac{m(m+1)(m+2)}{3!} z^3$$

$$+ - \cdots\cdots, \; |z| < 1$$

註：$C(-m, k) = \dfrac{-m(-m-1)\cdots(-m-k+1)}{k!}$

例如：$C(-2, 3) = \dfrac{(-2) \cdot (-3) \cdot (-4)}{3!}$

17.【$\dfrac{1}{1-z}$ 的變形】因展開的級數要收斂，$\dfrac{1}{1-z}$ 的變形有

(1) $|z| > 1 \Rightarrow \dfrac{1}{1-z} = \dfrac{\frac{1}{z}}{\frac{1}{z}-1} = \dfrac{-\frac{1}{z}}{1-\frac{1}{z}} = -\dfrac{1}{z}\left[1 + \dfrac{1}{z} + \left(\dfrac{1}{z}\right)^2 + \left(\dfrac{1}{z}\right)^3 + \cdots\right]$，

此時 $\left|\dfrac{1}{z}\right| < 1 \Rightarrow |z| > 1$

(2) $a > 1$ 且 $a \in R \Rightarrow \dfrac{1}{a-z} = \dfrac{\frac{1}{a}}{1-\frac{z}{a}} = \dfrac{1}{a}\left[1 + \dfrac{z}{a} + \left(\dfrac{z}{a}\right)^2 + \left(\dfrac{z}{a}\right)^3 + \cdots\right]$，

此時 $\left|\dfrac{z}{a}\right| < 1 \Rightarrow |z| < a$

(3) $a > 1$ 且 $a \in R \Rightarrow \dfrac{1}{a+z} = \dfrac{\frac{1}{a}}{1-\left(-\frac{z}{a}\right)} = \dfrac{1}{a}\left[1 + \left(-\dfrac{z}{a}\right) + \left(-\dfrac{z}{a}\right)^2 + \right.$

$\left. \left(-\dfrac{z}{a}\right)^3 + \cdots\right]$，此時 $\left|\dfrac{-z}{a}\right| < 1 \Rightarrow |z| < a$

(4) 上面的所有例子均對 z 做展開，若要對 $(z-d)$ 做展開

$(d \in R)$，則爲

令 $u = (z-d) \Rightarrow \dfrac{1}{a-z} = \dfrac{1}{(a-d)-u}$

就可以用方法 (2) 對 u 展開了

例 8 求下列函數以 $(z-1)$ 展開的泰勒級數

(1) $f(z) = \dfrac{1}{5-z}$; (2) $f(z) = \dfrac{3z^2 - 5z + 1}{z^3 - 3z^2 + 4}$;

做法 (1) 令 $u = z - 1$，之後將 $f(z)$ 改成 $f(u)$，再用上面公式展開

(2) 若 $|z| < 1$，則 $\dfrac{1}{1-z} = 1 + z + z^2 + \cdots\cdots$，$|z| < 1$ 解題

若 $|z| > 1$，則 $\dfrac{1}{1-z} = \dfrac{-\dfrac{1}{z}}{1 - \dfrac{1}{z}} = -\dfrac{1}{z}\left[1 + \dfrac{1}{z} + (\dfrac{1}{z})^2 + \cdots\right]$

解 (1) $f(z) = \dfrac{1}{5-z} = \dfrac{1}{4 - (z-1)} = \dfrac{1}{4-u} = \dfrac{1}{4} \dfrac{1}{1 - \dfrac{u}{4}}$

$= \dfrac{1}{4}\left[1 + \dfrac{u}{4} + (\dfrac{u}{4})^2 + (\dfrac{u}{4})^3 + \cdots\right]$

$= \dfrac{1}{4} \cdot \left[1 + (\dfrac{z-1}{4}) + (\dfrac{z-1}{4})^2 + (\dfrac{z-1}{4})^3 + \cdots\cdots\right]$

(註 : $\left|\dfrac{z-1}{4}\right| < 1$)

(2) 先用部分分式法展開

$f(z) = \dfrac{3z^2 - 5z + 1}{z^3 - 3z^2 + 4} = \dfrac{3z^2 - 5z + 1}{(z+1)(z-2)^2}$

$= \dfrac{1}{z+1} + \dfrac{2}{z-2} + \dfrac{1}{(z-2)^2}$

此三項分別以 $u = (z-1)$ 展開後再相加

(a) $\dfrac{1}{z+1} = \dfrac{1}{2 + (z-1)} = \dfrac{1}{2+u} = \dfrac{1}{2} \dfrac{1}{1 - (-\dfrac{u}{2})} = \dfrac{1}{2} \sum_{k=0}^{\infty} (\dfrac{u}{-2})$

$= \dfrac{1}{2} \sum_{k=0}^{\infty} (\dfrac{z-1}{-2})^k$

(註 : $\left|\dfrac{z-1}{2}\right| < 1$)

(b) $\dfrac{2}{z-2} = \dfrac{-2}{1-(z-1)} = \dfrac{-2}{1-u} = -2\sum_{k=0}^{\infty} u^k = -2 \cdot \sum_{k=0}^{\infty} (z-1)^k$

(c) $\dfrac{1}{(z-2)^2} = \dfrac{1}{[1-(z-1)]^2} = [1-(z-1)]^{-2}$

$$= [1-u]^{-2} = \sum_{k=0}^{\infty} \binom{-2}{k} (-u)^k$$

$$= \sum_{k=0}^{\infty} \binom{-2}{k} [-(z-1)]^k$$

（註：$|z-1| < 1$）

最後再 (a)+(b)+(c)，即

$$f(z) = \dfrac{1}{2} \sum_{k=0}^{\infty} \left(\dfrac{z-1}{-2}\right)^k - 2 \sum_{k=0}^{\infty} (z-1)^k + \sum_{k=0}^{\infty} \binom{-2}{k} [-(z-1)]^k$$

其中 $|z-1| < 1$

6.5　奇點與零點

17.【奇點】函數 $f(z)$ 的「奇點」（或稱為奇異點）（singular point）是讓 $f(z)$ 不可解析的 z 值（例如，分母為 0）。

例如：底下 $f(z)$ 函數在 $z = z_0$ 是「奇點」：

$$f(z) = \sum_{n=0}^{\infty} a_n (z - z_0)^n + \sum_{m=1}^{\infty} \frac{b_m}{(z - z_0)^m}$$

■下列有幾種不同的奇點：

(1) 極點：若函數 $f(z)$ 的「分數項次」是有限項次，且為

$$\frac{b_1}{(z - z_0)} + \frac{b_2}{(z - z_0)^2} + \cdots\cdots + \frac{b_n}{(z - z_0)^n}$$

(a) 當 $b_n \neq 0$ 時，則稱 $f(z)$ 在 $z = z_0$ 有 n 階「極點」（pole），例如：$f(z) = \dfrac{1}{(z - 1)^3}$ 在 $z = 1$ 處有 3 階的極點；

(b) 若 $n = 1$，則 $z = z_0$ 稱為 $f(z)$ 的單極點（simple pole），例如：$f(z) = \dfrac{1}{z - 2}$ 在 $z = 2$ 處為單極點。

(2) 孤立奇點：

(A) 若 $z = z_0$ 是函數 $f(z)$ 的奇點，且可以找到以此點為中心的圓，使得圓內沒有其他奇點，即設 $\delta > 0$，則 $0 < |z - z_0| < \delta$ 沒有其它奇點，則 $z = z_0$ 是一孤立奇點（isolated singular point）。

例如：

(a) $z = -1$ 和 $z = 1$ 都是函數 $f(z) = \dfrac{1}{z^2 - 1}$ 的孤立奇點；

(b) 函數 $f(z) = \dfrac{1}{\sin(\pi z)}$ 有無窮多個孤立奇點，在
$z = \pm 1, z = \pm 2, ...$。

(c) 函數 $f(z) = \dfrac{z-1}{z^2(z^2+1)}$ 的孤立奇點有 $0, \pm i$

又如：$f(z) = \tan(\dfrac{1}{z})$，在 $z_n = (n\pi + \dfrac{\pi}{2})$，$n \in Z$ 時，

其為奇點，但當 $n \to \infty$ 時，有非常多的奇點。在以 0 為中心的小圓內，其有無窮多的奇點，所以它是「非孤立奇點（Non-isolated singular point）」。

(B) 若 $z = z_0$ 是函數 $f(z)$ 的孤立奇點，則可以將 $f(z)$ 對 $z = z_0$ 點展開成「羅倫級數」（見下一節說明）。

(3) 可去除奇點：若單值函數 $f(z)$ 在 $z = z_0$ 處沒定義，但 $\lim\limits_{z \to z_0} f(z)$ 存在，則 $z = z_0$ 點稱為可去除奇點（removable singularity）。

例如：$f(z) = \dfrac{\sin z}{z}$ 在 $z = 0$ 處不可解析，但將它展開成馬克勞林級數，即

$$f(z) = \frac{\sin z}{z} = \frac{1}{z}(z - \frac{z^3}{3!} + \frac{z^5}{5!} - \cdots)$$

$$= (-\frac{z^2}{3!} + \frac{z^4}{5!} - \cdots)$$

則 $f(z)$ 在 $z = 0$ 處就可解析，此時 $z = 0$ 點稱為可去除奇點。

18. 【零點】

(1) 解析函數 $f(z)$ 在區域 R 內，若有一點 $z = z_0$，使得 $f(z_0) = 0$，則點 $z = z_0$，稱為 $f(z)$ 的零點（zero）。

例如：$f(z) = z - 2$，則點 $z = 2$ 為零點

(2) 若同時有 $f(z_0) = 0$、$f'(z_0) = 0$、……$f^{(n-1)}(z_0) = 0$，但 $f^{(n)}(z_0) \neq 0$，則此零點的階數（order）為 n。例如：$(z-1)^3$ 為三階零點

(3) 1 階的零點，稱為簡單零點（simple zero）。

例 9 函數 $f(z) = \dfrac{(z-1)(z+1+i)^2}{z(z+1)^3(z-2+i)^5}$ 有哪些極點？哪些零點？

做法 分母為 0 的點是極點，分子為 0 的點是零點

解 (a) 點 $z = 0$ 是單極點；點 $z = -1$ 是 3 階極點；點 $z = 2 - i$ 是 5 階極點，

(b) 點 $z = 1$ 是 1 階零點或稱為簡單零點；點 $z = -1 - i$ 是 2 階零點

19.【幅角原理】

(1) 若 $f(z)$ 在封閉曲線 C 及其內部（除有限的極點外）是解析的，且 $f(z)$ 在封閉曲線 C 上並沒有零點，則

$$\oint_C \frac{f'(z)}{f(z)} dz = 2\pi i(N - P)$$

其中 N 和 P 分別是 $f(z)$ 在 C 內的零點和極點的個數，在 N 和 P 的計算中，零點和極點的階數（order）亦需予於計算，亦即一個三階之零點（或極點），視同三個零點（或極點）。

(2) 上面的原理稱為幅角原理（argument principle）。

例 10 (1) 函數 $f(z) = \dfrac{(z-1)(z+1+i)^2}{z(z+1)^3(z-2+i)^5}$，求 $\oint_C \dfrac{f'(z)}{f(z)} dz$，其中

C 包含 $f(z)$ 的所有零點和極點

(2) 函數 $f(z) = z^4 + 3iz^2 + 2z + 3$，求 $\oint_C \dfrac{f'(z)}{f(z)} dz$，其中 C

包含 $f(z)$ 的所有零點

做法 利用幅角原理 $\oint_C \dfrac{f'(z)}{f(z)} dz = 2\pi i(N - P)$ 來解

解 (1) $f(z)$ 有 $N = 3$ 個零點和 $P = 9$ 個極點，所以

$$\oint_C \frac{f'(z)}{f(z)} dz = 2\pi i(N - P) = -12\pi i$$

(2) 因 $f(z)$ 是 4 次方程式，有 4 個複數根，即有 $N = 4$

個零點和 $P = 0$ 個極點，所以

$$\oint_C \frac{f'(z)}{f(z)} dz = 2\pi i(N - P) = 8\pi i$$

6.6 羅倫級數

20.【羅倫定理】前面介紹的泰勒級數的 $(z - z_0)^n$ 的指數 n 必須是正整數，且 z_0 不可以是奇點。若要對 $(z - z_0)$ 的 z_0 為奇點做展開，就要用本節介紹的「羅倫級數」來解，且此方法的 $(z - z_0)^n$ 的指數 n 會出現負整數。

(1) 二同心圓 C_1 和 C_2 的共同圓心（即中心點）是 z_0，若 $f(z)$ 為單值函數且在這二同心圓中間的圓環區域是解析的，路徑 C 是在二同心圓的圓環內的一個簡單封閉路徑並以逆時針方向進行（見圖 6-1），則 $f(z)$ 可用下列的級數來表示（z 在此圓環區域內）

$$f(z) = \sum_{n=0}^{\infty} a_n (z - z_0)^n + \sum_{n=1}^{\infty} \frac{b_n}{(z - z_0)^n}$$

$$= a_0 + a_1(z - z_0) + a_2(z - z_0)^2 + \cdots\cdots$$

$$+ \frac{b_1}{(z - z_0)} + \frac{b_2}{(z - z_0)^2} + \cdots\cdots$$

其中：$a_n = \dfrac{1}{2\pi i} \oint_C \dfrac{f(z)}{(z - z_0)^{n+1}} dz$，$n = 0, 1, 2, 3, \cdots\cdots$

$\qquad b_n = \dfrac{1}{2\pi i} \oint_C (z - z_0)^{n-1} f(z) dz$，$n = 1, 2, 3, \cdots\cdots$

$\qquad C$ 是依循正方向前進

<<< 證明省略 >>>

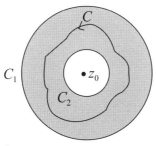

圖 6-1　同心圓 C_1 和 C_2 中間的路程 C

(2) 此級數稱爲羅倫級數（Laurent series），上面的係數 a_n 和 b_n 稱爲羅倫級數的係數

　　註：要有 $\dfrac{b_m}{(z-z_0)^m}$，$m > 0$ 且 $b_m \neq 0$（即有負指數項）才稱爲羅倫級數，若全部的 b_m 均爲 0，則稱爲泰勒級數

(3) $f(z)$ 羅倫級數也可表示成

$$f(z) = \sum_{n=-\infty}^{\infty} a_n (z - z_0)^n$$

　　其中：$a_n = \dfrac{1}{2\pi i} \oint_C \dfrac{f(z)}{(z-z_0)^{n+1}} dz$，$n = 0, \pm 1, \pm 2, \cdots\cdots$

(4) 羅倫級數所展開的級數必須是收斂的

　　註：在底下的計算中，若 $f(z)$ 在區間內的點均是解析的（沒有極點），這會使得羅倫級數簡化成泰勒級數（也就是羅倫級數的 b_n 係數爲 0，嚴格來說這種情況不符合羅倫級數的定義，見例 13(1)(a)）

例 11　求下列指定奇點 z_0 的羅倫級數

　　(1) $f(z) = \dfrac{z+1}{z}$，$z_0 = 0$

　　(2) $f(z) = \dfrac{z}{z^2+1}$，$z_0 = i$

做法　(1) 若指定奇點爲 z_0，就用 $u = z - z_0$ 展開

　　(2) 若分母爲二次式（含）以上，就用部分分式法分成二項，再解之

解　(1) $z_0 = 0$，以 $z - z_0 = z$ 展開

$$f(z) = \frac{z+1}{z} = 1 + \frac{1}{z}$$

此為其羅倫級數，且 $0 < z < \infty$

(2) $z_0 = i$，以 $u = z - z_0 = z - i$ 展開

$$f(z) = \frac{z}{z^2+1} = \frac{z}{(z-i)(z+i)} = \frac{\frac{1}{2}}{z-i} + \frac{\frac{1}{2}}{z+i}$$

(a) $\dfrac{\frac{1}{2}}{z-i}$ 已是用 $z-i$ 展開，不用再處理了

(b)（將分母 $(z+i)$ 改成 $u = z-i$ 的形式）

$$\frac{1}{z+i} = \frac{1}{2i+(z-i)} = \frac{1}{2i+u} = \frac{1}{2i}(\frac{1}{1+\frac{u}{2i}})$$

$$= \frac{1}{2i}\sum_{n=0}^{\infty}(-\frac{u}{2i})^n = \frac{1}{2i}\sum_{n=0}^{\infty}(-\frac{z-i}{2i})^n \ , \ 0 < |z-i| < 2$$

所以，$f(z) = \dfrac{\frac{1}{2}}{z-i} + \dfrac{\frac{1}{2}}{z+i} = \dfrac{\frac{1}{2}}{z-i} + \dfrac{1}{4i}\sum_{n=0}^{\infty}(-\frac{z-i}{2i})^n$ ，

其中 $0 < |z-i| < 2$

註：因 z 的值可以是 $|z| < \infty$，此處只解 $0 < |z-i| < 2$，
　　若此題 z 的範圍為 $2 < |z-i| < \infty$ 時，則 (b) 的展
　　開式會得到不同的羅倫級數

例 12 求下列指定奇點 z_0 的羅倫級數

(1) $\dfrac{e^z}{(z-2)^2}$，$z_0 = 2$ ；

(2) $(z+3)\cos(\dfrac{1}{z+1})$，$z_0 = -1$；

(3) $\dfrac{z - \sin z}{z^2}$，$z_0 = 0$；

(4) $\dfrac{z}{(z-2)(z-3)}$，$z_0 = 2$；

做法 若指定奇點為 z_0，就令 $u = z - z_0$，再以 u 展開

解 (1) 指定奇點為 $z_0 = 2$，令 $u = z - 2$，代入原式

$$\frac{e^z}{(z-2)^2} = \frac{e^{u+2}}{u^2} = \frac{e^2}{u^2} \cdot e^u = \frac{e^2}{u^2}(1 + u + \frac{u^2}{2!} + \frac{u^3}{3!} + \cdots\cdots)$$

$$= \frac{e^2}{u^2} + \frac{e^2}{u} + \frac{e^2}{2!} + \frac{e^2 u}{3!} + \cdots\cdots \quad (|u| < \infty \text{ 均收斂})$$

$$= \frac{e^2}{(z-2)^2} + \frac{e^2}{z-2} + \frac{e^2}{2!} + \frac{e^2(z-2)}{3!} + \cdots\cdots$$

$z = 2$ 為二階極點

(2) 指定奇點為 $z_0 = -1$，令 $u = z + 1$，代入原式

$$(z+3)\cos(\frac{1}{z+1}) = (u+2)\cos(\frac{1}{u})$$

$$= (u+2)[1 - \frac{(1/u)^2}{2!} + \frac{(1/u)^4}{4!} - + \cdots\cdots] \quad (\left|\frac{1}{u}\right| < \infty \text{ 均收斂})$$

$$= u[1 - \frac{(1/u)^2}{2!} + \frac{(1/u)^4}{4!} - + \cdots\cdots] + 2 \cdot [1 - \frac{(1/u)^2}{2!} + \frac{(1/u)^4}{4!} - + \cdots\cdots]$$

$$= u + 2 - \frac{1}{2! \cdot u} - \frac{2}{2! \cdot u^2} + \frac{1}{4! \cdot u^3} + \frac{2}{4! \cdot u^4} - + \cdots\cdots$$

$$= (z+1) + 2 - \frac{1}{2! \cdot (z+1)} - \frac{2}{2! \cdot (z+1)^2} + \frac{1}{4! \cdot (z+1)^3} + \frac{2}{4! \cdot (z+1)^4} - + \cdots\cdots$$

(3) 因 $z - \sin z = z - (z - \dfrac{z^3}{3!} + \dfrac{z^5}{5!} - \dfrac{z^7}{7!} + \cdots\cdots)$

$$= \frac{z^3}{3!} - \frac{z^5}{5!} + \frac{z^7}{7!} - \cdots\cdots \quad (|z| < \infty \text{ 均收斂})$$

所以 $\dfrac{z-\sin z}{z^2} = \dfrac{z}{3!} - \dfrac{z^3}{5!} + \dfrac{z^5}{7!} - \cdots\cdots$

(4) 指定奇點為 $z_0 = 2$，令 $u = z - 2$，代入原式

$$\dfrac{z}{(z-2)(z-3)} = \dfrac{u+2}{u(u-1)} = \dfrac{u+2}{u} \cdot \dfrac{-1}{1-u}$$

$$= \dfrac{-(u+2)}{u} \cdot (1 + u + u^2 + u^3 + \cdots\cdots) \quad (|u| < 1 \text{ 才收斂})$$

$$= -u \cdot (u^{-1} + 1 + u + u^2 + \cdots\cdots) - 2 \cdot (u^{-1} + 1$$
$$\quad + u + u^2 + \cdots\cdots)$$

$$= -2u^{-1} - 3 - 3u - 3u^2 - 3u^3 \cdots\cdots$$

$$= -2(z-2)^{-1} - 3 - 3(z-2) - 3(z-2)^2 - 3(z-2)^3 \cdots\cdots$$

註：(1) 因本題 $\dfrac{u+2}{u} \cdot \dfrac{-1}{1-u}$ 的 $\dfrac{u+2}{u}$ 分母已是 u，所以不

　　用再處理

(2) 因 $|u|$ 可以是 $|u| < \infty$，此處只解 $|u| < 1$，若此題

　　要求 $|u| > 1$ 時，會有不同的答案

例 13　求下列函數中心點為 0 的所有可能的羅倫級數和泰勒級
數

(1) $f(z) = 1/(1-z)$

(2) $f(z) = \dfrac{-3z+5}{z^2 - 4z + 3}$

(3) $f(z) = z^3 e^{1/z}$

做法　(1) 因中心點是 $z_0 = 0$，所以以 $z - z_0 = z$ 來展開

(2) 以「分母為 0」的這些點，將複數平面分割成多個

區域，每個區域內的羅倫級數均需收斂

(3) 因本題是要求出「所有可能」的羅倫級數和泰勒級數，所以是要求 $|z| < \infty$ 的所有可能的級數

(4) 在 $\dfrac{1}{1-z}$ 的展開中，因展開的級數要收斂，所以

(a) 若 $|z| < 1$，則展開成 $\dfrac{1}{1-z} = 1 + z + z^2 + \cdots\cdots$

(b) 若 $|z| > 1$，則展開成

$$\frac{1}{1-z} = \frac{-\dfrac{1}{z}}{1 - \dfrac{1}{z}} = -\frac{1}{z}(1 + \frac{1}{z} + \frac{1}{z^2} + \cdots\cdots)$$

解 (1) 令分母 $1 - z = 0 \Rightarrow z = 1$ 是極點，以 1 為區分點，將區域分成 $|z| < 1$、$1 < |z| < \infty$ 二區域來討論：

(a) $|z| < 1$：$\dfrac{1}{1-z} = \sum\limits_{k=0}^{\infty} z^k = 1 + z + z^2 + z^3 + \cdots\cdots$，

因此級數收斂於 $|z| < 1$，所以羅倫級數所在的圓環為 $|z| < 1$

註：因 $f(z)$ 在 $|z| < 1$ 內是解析的，使得羅倫級數簡化成泰勒級數（因為沒有上面說明的第 (1) 點介紹的 b_n 係數）

(b) $1 < |z| < \infty$：$\dfrac{1}{1-z} = \dfrac{-1}{z(1 - z^{-1})} = -\dfrac{1}{z}(1 + z^{-1} + z^{-2} + \cdots)$

$$= -\frac{1}{z} - \frac{1}{z^2} - \frac{1}{z^3} - \cdots\cdots,$$

因此級數收斂於 $|z| > 1$，所以羅倫級數所在的圓環為 $1 < |z| < \infty$

(2) 做法：分母是多項式相乘時，要用部分分式法變成多項式相加，再個別求其羅倫級數

$$\frac{-3z+5}{z^2-4z+3} = \frac{-3z+5}{(z-1)(z-3)} = \frac{-1}{z-1} + \frac{-2}{z-3}$$

其中：(a) $\dfrac{-1}{z-1}$ 要以 $z = 1$ 為區分點，將區域分成

$|z| < 1$ 和 $1 < |z| < \infty$ 二區域來討論；而

(b) $\dfrac{-2}{z-3}$ 要以 $z = 3$ 為區分點，將區域分成

$|z| < 3$ 和 $3 < |z| < \infty$ 二區域來討論；

(c) 最後再將上面二個區域合併，分成 $|z| < 1$、

$1 < |z| < 3$ 和 $3 < |z| < \infty$ 三區域來討論。

(I) $\dfrac{-1}{z-1} = \dfrac{1}{1-z}$，由上一小題的結果知：

(a) $|z| < 1 \Rightarrow \dfrac{1}{1-z} = \sum\limits_{k=0}^{\infty} z^k = 1 + z + z^2 + z^3 + \cdots\cdots$

(b) $1 < |z| < \infty \Rightarrow \dfrac{1}{1-z} = \dfrac{-1}{z(1-z^{-1})} = -\sum\limits_{k=0}^{\infty} \dfrac{1}{z^{k+1}}$

$$= -\frac{1}{z} - \frac{1}{z^2} - \frac{1}{z^3} - \cdots\cdots ,$$

(II) $\dfrac{-2}{z-3}$ 要分成 $|z| < 3$ 和 $3 < |z| < \infty$ 二區域來討論

(a) $|z| < 3$：$\dfrac{-2}{z-3} = \dfrac{2}{3-z} = \dfrac{2}{3(1-z/3)} = \dfrac{2}{3} \cdot \sum\limits_{k=0}^{\infty} \left(\dfrac{z}{3}\right)^k ,$

$$= \frac{2}{3}[1 + \frac{z}{3} + (\frac{z}{3})^2 + (\frac{z}{3})^3 + \cdots\cdots]$$

(b) $3 < |z| < \infty$：$\dfrac{-2}{z-3} = \dfrac{2}{3-z} = \dfrac{-2}{z[1-(3/z)]}$

$$= \frac{-2}{z} \cdot \sum\limits_{k=0}^{\infty} \left(\frac{3}{z}\right)^k$$

$$= \frac{-2}{z}[1 + \frac{3}{z} + (\frac{3}{z})^2 + (\frac{3}{z})^3 + \cdots\cdots] ,$$

因極點有 2 個，分別是 1 和 3，所以將區域分成

$|z| < 1$、$1 < |z| < 3$、$3 < |z| < \infty$ 三區域來討論：

(A) $|z| < 1$，羅倫級數為 (I)(a) + (II)(a)，即

$$f(z) = \sum_{k=0}^{\infty} z^k + \frac{2}{3} \cdot \sum_{k=0}^{\infty} (\frac{z}{3})^k$$

$$= (1 + z + z^2 + z^3 + \cdots\cdots)$$

$$+ \frac{2}{3}[1 + \frac{z}{3} + (\frac{z}{3})^2 + (\frac{z}{3})^3 + \cdots\cdots]$$

　　註：因 $f(z)$ 在 $|z| < 1$ 內是解析的，使得羅倫級數

　　　　簡化成泰勒級數

(B) $1 < |z| < 3$，羅倫級數為 (I)(b)+(II)(a)，即

$$f(z) = -\sum_{k=0}^{\infty} \frac{1}{z^{k+1}} + \frac{2}{3} \cdot \sum_{k=0}^{\infty} (\frac{z}{3})^k$$

$$= (-\frac{1}{z} - \frac{1}{z^2} - \frac{1}{z^3} - \cdots\cdots)$$

$$+ \frac{2}{3}[1 + \frac{z}{3} + (\frac{z}{3})^2 + (\frac{z}{3})^3 + \cdots\cdots]$$

(C) $3 < |z| < \infty$，羅倫級數為 (I)(b)+(II)(b)，即

$$f(z) = -\sum_{k=0}^{\infty} \frac{1}{z^{k+1}} + \frac{-2}{z} \cdot \sum_{k=0}^{\infty} (\frac{3}{z})^k$$

$$= (-\frac{1}{z} - \frac{1}{z^2} - \frac{1}{z^3} - \cdots\cdots)$$

$$+ \frac{-2}{z}[1 + \frac{3}{z} + (\frac{3}{z})^2 + (\frac{3}{z})^3 + \cdots\cdots]$$

(3) $z = 0$ 是極點（只討論 $0 < |z| < \infty$ 的區域）

　　因 $e^{1/z} = 1 + \frac{1}{1!}(\frac{1}{z}) + \frac{1}{2!}(\frac{1}{z})^2 + \frac{1}{3!}(\frac{1}{z})^3 + \cdots\cdots$

　　所以 $f(z)$ 的羅倫級數為

　　$z^3 e^{1/z} = z^3 + \frac{1}{1!}z^2 + \frac{1}{2!}z + \frac{1}{3!} + \frac{1}{4!}(\frac{1}{z}) + \frac{1}{5!}(\frac{1}{z})^2 + \cdots\cdots$，

　　$|z| < \infty$

練習題

1. 求下列級數的 (a) 收斂區間？和 (b) 級數和

   (1) $\sum_{k=1}^{\infty}\dfrac{z^{k-1}}{2^k}$；(2) $\sum_{k=1}^{\infty}(-1)^k(z^k+z^{k+1})$；(3) $\sum_{k=1}^{\infty}\dfrac{1}{(z^2+1)^k}$

   [答] (1) (a) $|z|<2$；(b) $\dfrac{1}{2-z}$。

   (2) (a)$|z|<1$；(b)1。

   (3) (a) $|z^2+1|>1$；(b) $\dfrac{1}{z^2}$

2. 請問下列級數是否收斂

   (1) $\sum_{k=1}^{\infty}\dfrac{k}{3^k-1}$；(2) $\sum_{k=1}^{\infty}\dfrac{k+3}{3k^2-k+2}$；(3) $\sum_{k=1}^{\infty}\dfrac{2k-1}{\sqrt{k^3+k+2}}$；

   [答] (1) 收斂；(2) 發散；(3) 發散

3. 求下列級數的收斂區間

   (1) $\sum_{k=1}^{\infty}\dfrac{(z+i)^k}{k(k+1)}$；(2) $\sum_{k=1}^{\infty}\dfrac{1}{k^2 3^k}\left(\dfrac{z+1}{z-1}\right)^k$；(3) $\sum_{k=1}^{\infty}\dfrac{(-1)^k z^k}{k!}$；

   [答] (1) $|z+i|\le 1$；(2) $|(z+1)/(z-1)|\le 3$；(3) $|z|<\infty$

4. 請將下列各函數以指定點用泰勒級數展開

   (1) $e^{-z}, z=0$；(2) $\cos z, z=\pi/2$；(3) $1/(1+z), z=1$；

   (4) $z^3-3z^2+4z-2, z=2$

5. 求下列函數的 $\oint_C \dfrac{f'(z)}{f(z)}dz$ 結果

   (1) $f(z)=z^5-3iz^2+2z-1+i$，C 包含 $f(z)$ 的所有零點；

   (2) $f(z)=\dfrac{(z^2+1)^2}{(z^2+2z+2)^3}$，$C$ 是圓 $|z|=4$；

   (3) $f(z)=\sin\pi z$，C 是圓 $|z|=\pi$；

   (4) $f(z)=\cos\pi z$，C 是圓 $|z|=\pi$；

答 (1) $10\pi i$；(2) $-4\pi i$；(3) $14\pi i$；(4) $12\pi i$

6. 分別就 (1)$|z| < 3$，(2)$|z| > 3$，求函數 $1/(z-3)$ 的羅倫級數

   答 (1) $-\dfrac{1}{3} - \dfrac{1}{9}z - \dfrac{1}{27}z^2 - \dfrac{1}{81}z^3 - \cdots\cdots$

   (2) $z^{-1} + 3z^{-2} + 9z^{-3} + 27z^{-4} + \cdots\cdots$

7. 分別就 (1)$|z| < 1$，(2)$1 < |z| < 2$，(3)$|z| > 2$，(4)$|z-1| > 1$，
   (5)$0 < |z-2| < 1$，求函數 $\dfrac{z}{(z-1)(2-z)}$ 的羅倫級數

   答 (1) $-\dfrac{1}{2}z - \dfrac{3}{4}z^2 - \dfrac{7}{8}z^3 - \dfrac{15}{16}z^4 - \cdots\cdots$

   (2) $\cdots\cdots + \dfrac{1}{z^2} + \dfrac{1}{z} + 1 + \dfrac{1}{2}z + \dfrac{1}{4}z^2 + \dfrac{1}{8}z^3 + \cdots\cdots$

   (3) $-\dfrac{1}{z} - \dfrac{3}{z^2} - \dfrac{7}{z^3} - \dfrac{15}{z^4} - \cdots\cdots$

   (4) $-(z-1)^{-1} - 2(z-1)^{-2} - 2(z-1)^{-3} - \cdots\cdots$

   (5) $1 - 2(z-2)^{-1} - (z-2) + (z-2)^2 - (z-2)^3$
   $+ (z-2)^4 - \cdots\cdots$

第 7 章　留數

本章將介紹留數定理和以留數積分法解實數定積分。

7.1　留數定理

1. 【求 $\oint_C f(z)dz$ 不同處】

   (1) 若 $f(z)$ 為單值函數且在路經 C 內或路徑 C 上的點均可解析

   (i)（柯西積分定理），$\oint_C f(z)dz = 0$（$f(z)$ 在路徑 C 內沒有極點的積分值為 0）；

   (ii)（柯西積分公式）若 z_0 為路徑 C 內的任意點，則（$z - z_0$ 不包含在 $f(z)$ 內）

   $$\oint_C \frac{f(z)}{z - z_0} dz = 2\pi i f(z_0) \text{ 或 } f(z_0) = \frac{1}{2\pi i} \oint_C \frac{f(z)}{z - z_0} dz$$

   (2)（本節留數定理）$f(z)$ 在路徑 C 內有極點（設為 z_0），要計算 $\oint_C f(z)dz$ 的積分值（極點 $z = z_0$ 包含在 $f(z)$ 內）

   註：若柯西積分公式的 $\frac{f(z)}{z - z_0} = g(z)$，則解 $\oint_C g(z)\,dz$ 為留數定理。所以以後在解此類題目時，不會再說用「柯西積分公式」解題，而是會說用「留數定理」解題

2. 【留數】（有一個極點的情況）底下內容在證明 $\oint_C f(z)dz$ 的結果

   (1) 若 $f(z)$ 在路徑 C 內，除了 $z = z_0$ 外，其餘的點均可解析，則 $f(z)$ 在 $z = z_0$ 的羅倫級數為

   $$f(z) = \sum_{n=-\infty}^{\infty} a_n (z - z_0)^n$$

   其中：$a_n = \frac{1}{2\pi i} \oint_C \frac{f(z)}{(z - z_0)^{n+1}} dz$，$n = 0, \pm 1, \pm 2, \cdots\cdots$

(2) 考慮羅倫級數的係數 $n = -1$ 的情況（$n = -1$ 代入上式）

$$a_{-1} = \frac{1}{2\pi i} \oint_C \frac{f(z)}{(z - z_0)^{-1+1}} dz = \frac{1}{2\pi i} \oint_C f(z) dz$$

$$\Rightarrow \oint_C f(z) dz = 2\pi i a_{-1} \quad (\oint_C f(z) dz \text{ 積分值只留下 } a_{-1})$$

(3) 因 $\oint_C f(z) dz$ 積分值只和係數 a_{-1} 有關，所以係數 a_{-1} 稱為 $f(z)$ 在點 $z = z_0$ 處的留數（residue，因 $f(z)$ 的積分只留下 a_{-1}，故稱為留數），通常表示成

$$a_{-1} = \operatorname*{Res}_{z = z_0} f(z) = \frac{1}{2\pi i} \oint_C f(z) dz$$

（註：a_{-1} 也就是 $f(z)$ 的 $(z - z_0)^{-1}$ 項次的係數）

(4) 要求 $\oint_C f(z) dz$ 的做法有二：

(a) 將 $f(z)$ 以羅倫級數展開，找出 $\dfrac{1}{z - z_0}$ 的係數 a_{-1}，其積分值為 $2\pi i a_{-1}$

(b) 用下一節的「直接求出留數」來求出 a_{-1}

例 1 求 $\oint_C \dfrac{2\sin z}{z^2} dz$ 之值，其中 C 是單位圓，逆時針方向進行

做法 用 $\oint_C f(z) dz = 2\pi i a_{-1}$ 來解，其中 a_{-1} 是 $f(z)$ 極點 $z = z_0$ 的羅倫級數中，$(z - z_0)^{-1}$ 的係數（z_0 要在單位圓內）

解 $f(z)$ 在極點為 $z = 0$ 的羅倫級數為

$$f(z) = \frac{2\sin z}{z^2} = \frac{2}{z^2}(z - \frac{z^3}{3!} + \frac{z^5}{5!} - \cdots) = \frac{2}{z} - \frac{2z}{3!} + \frac{2z^3}{5!} - \cdots$$

所以 $\oint_C \dfrac{2\sin z}{z^2} dz = 2\pi i a_{-1} = 2\pi i \cdot 2 = 4\pi i$（$a_{-1}$ 是 z^{-1} 項次的係數）

註：此羅倫級數在 $|z| > 0$ 時，均會收斂

例 2 求 $\oint_C \dfrac{1}{z^2 - z^3} dz$ 之值，其中 C 是 $|z| = \dfrac{1}{2}$ 圓，順時針方向進行

做法 同例 1，極點 $z = 0$ 在路徑 C 內不可解析，要求出羅倫級數的 $\dfrac{1}{z}$ 的係數（$z = 1$ 在圓 C 外，不用管它）

解 $\dfrac{1}{z^2 - z^3} = \dfrac{1}{z^2(1-z)} = \dfrac{1}{z^2}(1 + z + z^2 + \cdots) = \dfrac{1}{z^2} + \dfrac{1}{z} + 1 + \cdots$

其留數為 1（$\dfrac{1}{z}$ 的係數）

所以 $\oint_C \dfrac{1}{z^2 - z^3} dz = -2\pi i \cdot 1 = -2\pi i$（因順時針方向進行，前面要多一負號）

---

3. 【直接求出留數】求 a_{-1} 的值除了可用前一點的方法（羅倫級數展開）外，也可以用底下的方法來求。

(1)（單一極點）若 $f(z)$ 在 $z = z_0$ 是一階極點，也就是 $f(z)$ 的羅倫級數為

$$f(z) = \sum_{n=0}^{\infty} a_n (z - z_0)^n + \frac{a_{-1}}{z - z_0}$$

則 $f(z)$ 在點 $z = z_0$ 處的留數為

$$\operatorname*{Res}_{z=z_0} f(z) = a_{-1} = \lim_{z \to z_0}(z - z_0)f(z)$$

■用法：(1) $f(z)$ 刪去分母的 $(z - z_0)$ 項；

(2) $f(z)$ 刪去 $(z - z_0)$ 項後的 z 用 z_0 代入，即為其留數 a_{-1}。

(2)（m 階極點）若 $f(z)$ 在 $z = z_0$ 是 m 階極點，也就是 $f(z)$ 的羅倫級數為

$$f(z) = \sum_{n=0}^{\infty} a_n (z - z_0)^n + \frac{a_{-1}}{z - z_0} + \frac{a_{-2}}{(z - z_0)^2} + \cdots + \frac{a_{-m}}{(z - z_0)^m}$$

則 $f(z)$ 在點 $z = z_0$ 處的留數為

$$a_{-1} = \lim_{z \to z_0} \frac{1}{(m-1)!} \frac{d^{(m-1)}}{dz^{(m-1)}} \{(z - z_0)^m f(z)\}$$

■證明：

$f(z)$ 二邊同時乘以 $(z - z_0)^m \Rightarrow$

$$(z - z_0)^m f(z) = \sum_{n=0}^{\infty} a_n (z - z_0)^{m+n} + a_{-1}(z - z_0)^{m-1}$$

$$+ a_{-2}(z - z_0)^{m-2} + \cdots + a_{-m}$$

二邊同時對 z 做 $(m\text{–}1)$ 次微分 $\Rightarrow$

$$\frac{d^{(m-1)}}{dz^{(m-1)}} \{(z - z_0)^m f(z)\} = \left[\frac{d^{(m-1)}}{dz^{(m-1)}} \sum_{n=0}^{\infty} a_n (z - z_0)^{m+n} \right] + (m-1)! a_{-1}$$

$$\Rightarrow a_{-1} = \lim_{z \to z_0} \frac{1}{(m-1)!} \frac{d^{(m-1)}}{dz^{(m-1)}} \{(z - z_0)^m f(z)\}$$

■用法：(1) $f(z)$ 刪去分母的 $(z - z_0)^m$ 項，令其為 $g(z)$；

(2) $g(z)$ 對 z 做 $(m-1)$ 次的微分，再將 z_0 代入 z；

(3) 將 (2) 的結果除以 $(m-1)!$，即為其留數 a_{-1}。

例3 求 $\dfrac{2z}{(z+1)(z-i)}$ 所有極點的留數

做法 因分母是一次式，用 $a_{-1} = \lim\limits_{z \to z_0} (z - z_0) f(z)$ 來解

解 分母 $(z+1)(z-i) = 0 \Rightarrow z = -1, z = i$ 為其極點

(1) 在 $z = -1$ 的留數為（一階極點）

$$\operatorname*{Res}_{z=-1} f(z) = \lim_{z \to -1} \frac{2z}{(z-i)} = \frac{-2}{-1-i} = 1 - i$$

(2) 在 $z = i$ 的留數為（一階極點）

$$\operatorname*{Res}_{z=i} f(z) = \lim_{z \to i} \frac{2z}{(z+1)} = \frac{2i}{i+1} = 1+i$$

例 4 求 $\dfrac{1}{(z+i)^2(z-1)^4}$ 所有極點的留數

做法 因分母 $(z-z_0)$ 的次方大於一次，用

$$a_{-1} = \lim_{z \to z_0} \frac{1}{(m-1)!} \frac{d^{(m-1)}}{dz^{(m-1)}} \{(z-z_0)^m f(z)\} \text{ 來解}$$

解 分母 $(z+i)^2(z-1)^4 = 0 \Rightarrow z = -i, z = 1$ 為其極點

(1) 在 $z = -i$ 的留數為（二階極點）

$$\operatorname*{Res}_{z=-i} f(z) = \frac{1}{(2-1)!} \lim_{z \to -i} \frac{d}{dz} \frac{1}{(z-1)^4} = -4(z-1)^{-5}\big|_{z=-i} = 4(1+i)^{-5}$$

(2) 在 $z = 1$ 的留數為（四階極點）

$$\operatorname*{Res}_{z=1} f(z) = \frac{1}{(4-1)!} \lim_{z \to 1} \frac{d^3}{dz^3} \frac{1}{(z+i)^2} = \frac{1}{6} \cdot (-24)(z+i)^{-5}\big|_{z=1}$$

$$= -4(1+i)^{-5}$$

例 5 求 $f(z) = \dfrac{1}{(z+1)^2(z^2+4)}$ 所有極點的留數

做法 同例 3、例 4

解 分母 $(z+1)^2(z^2+4) = 0 \Rightarrow z = -1, 2i, -2i$ 為其極點

(1) 在 $z = -1$ 的留數為（二階極點）

$$\operatorname*{Res}_{z=-1} f(z) = \frac{1}{(2-1)!} \lim_{z \to -1} \frac{d}{dz} \frac{1}{(z^2+4)} = -2z(z^2+4)^{-2}\big|_{z=-1}$$

$$= \frac{2}{25}$$

(2) 在 $z = 2i$ 的留數為（一階極點）

$$\operatorname*{Res}_{z=2i} f(z) = \lim_{z\to 2i} \frac{1}{(z+1)^2(z+2i)} = \frac{1}{-16-12i}$$

(3) 在 $z=-2i$ 的留數為（一階極點）

$$\operatorname*{Res}_{z=-2i} f(z) = \lim_{z\to -2i} \frac{1}{(z+1)^2(z-2i)} = \frac{1}{-16+12i}$$

4.【留數定理】（有 k 個極點的情況）若 $f(z)$ 在一簡單的封閉路徑 C 內，除了有限的點 $a, b, c, \cdots\cdots$ 外，其餘的點都是可解析的，而這些極點的留數分別為 $a_{-1}, b_{-1}, c_{-1}, \cdots\cdots$，則 $f(z)$ 沿著路徑 C 以逆時針方向進行，其積分值等於「$2\pi i$ 乘以〔$f(z)$ 在 C 內所有極點的留數總和〕」，即

$$\oint_C f(z)dz = 2\pi i(a_{-1} + b_{-1} + c_{-1} + \cdots\cdots)$$

例 6　求 $\displaystyle\oint_C \frac{e^z}{z(z-i)(z+3)}dz$ 之值，其中：C 是

(1) $|z| = 0.5$；(2) $|z| = 2$；(3) $|z| = 4$；逆時針方向進行

做法　先求出在 C 內的極點的留數，相加後再乘以 $2\pi i$

解　分母 $z(z-i)(z+3) = 0 \Rightarrow z = 0, i, -3$ 為其極點

(a) 極點 $z = 0$ 的留數：$a_{-1} = \operatorname*{Res}_{z=0} \dfrac{e^z}{(z-i)(z+3)} = \dfrac{1}{-3i}$

(b) 極點 $z = i$ 的留數：$b_{-1} = \operatorname*{Res}_{z=i} \dfrac{e^z}{z(z+3)} = \dfrac{e^i}{-1+3i}$

(c) 極點 $z = -3$ 的留數：$c_{-1} = \operatorname*{Res}_{z=-3} \dfrac{e^z}{z(z-i)} = \dfrac{e^{-3}}{9+3i}$

(1) $|z| = 0.5$，在路徑 C 內的極點只有 $z = 0$

$$\oint_C \frac{e^z}{z(z-i)(z+3)}dz = 2\pi i \cdot a_{-1} = 2\pi i \cdot \frac{1}{-3i} = \frac{-2\pi}{3}$$

(2) $|z| = 2$，在路徑 C 內的極點有 $z = 0$ 和 $z = i$

$$\oint_C \frac{e^z}{z(z-i)(z+3)}dz = 2\pi i(a_{-1} + b_{-1}) = 2\pi i \cdot (\frac{1}{-3i} + \frac{e^i}{-1+3i})$$

(3) $|z| = 4$，在路徑 C 內的極點有 $z = 0, z = i$ 和 $z = -3$

$$\oint_C \frac{e^z}{z(z-i)(z+3)}dz = 2\pi i(a_{-1} + b_{-1} + c_{-1})$$

$$= 2\pi i \cdot (\frac{1}{-3i} + \frac{e^i}{-1+3i} + \frac{e^{-3}}{9+3i})$$

註：用留數法求 $\oint_C f(z)dz$，若 $f(z)$ 有分母相乘項，「不需要」用部分分式法將它們分開，此點與用「柯西積分公式」的做法不同。

例7 求 $\oint_C \frac{\tan z}{z^2+1}dz$ 之值，其中 C 是 $|z| = 1.5$，逆時針方向進行

解 (a) $\frac{1}{z^2+1} = \frac{1}{(z+i)(z-i)}$，其不可解析點為 $z = i, z = -i$

(b) $\tan z = \frac{\sin z}{\cos z}$ 不可解析點為 $\pm\frac{\pi}{2}, \pm\frac{3\pi}{2}, \pm\frac{5\pi}{2}, \cdots$

所以 $\frac{\tan z}{z^2+1}$ 在 $|z| = 1.5$ 內的不可解析點為 $z = i, z = -i$

$$\oint_C \frac{\tan z}{z^2+1}dz = 2\pi i(\operatorname*{Res}_{z=i}\frac{\tan z}{z+i} + \operatorname*{Res}_{z=-i}\frac{\tan z}{z-i}) = 2\pi \tan i$$

又 $\tan i = \frac{\sin i}{\cos i} = \frac{e^{i \cdot i} - e^{-i \cdot i}}{i(e^{i \cdot i} + e^{-i \cdot i})} = \frac{(e - e^{-1})i}{e + e^{-1}} = \frac{(e^2-1)i}{e^2+1}$

所以 $\oint_C \frac{\tan z}{z^2+1}dz = 2\pi \cdot \frac{(e^2-1)i}{e^2+1}$

例8 求 $\oint_C \frac{(z+1)}{z^2(z^2+2z+2)}dz$ 之值，其中 C 是 $|z| = 5$，逆時針方向進行

解 $z^2 + 2z + 2 = 0 \Rightarrow z = -1 \pm i$

$\dfrac{z+1}{z^2(z^2+2z+2)}$ 在 $|z| = 5$ 內的不可解析點為 $z = 0, z = -1 \pm i$

(a) 極點 $z = 0$ 的留數：$a_{-1} = \dfrac{1}{(2-1)!} \operatorname{Res}_{z=0} \dfrac{d}{dz} \dfrac{z+1}{z^2+2z+2}$

$$= \operatorname{Res}_{z=0} \dfrac{-z^2 - 2z}{(z^2+2z+2)^2} = 0$$

(b) 極點 $z = -1 + i$ 的留數：$b_{-1} = \operatorname{Res}_{z=-1+i} \dfrac{z+1}{z^2[z-(-1-i)]} = \dfrac{i}{4}$

(c) 極點 $z = -1 - i$ 的留數：$c_{-1} = \operatorname{Res}_{z=-1-i} \dfrac{z+1}{z^2[z-(-1+i)]} = \dfrac{-i}{4}$

所以 $\oint_C \dfrac{(z+1)}{z^2(z^2+2z+2)} dz = 2\pi i \left(0 + \dfrac{i}{4} + \dfrac{-i}{4} \right) = 0$

例 9 求 $\oint_C \dfrac{2z+3}{(z+1)(z+2)^3} dz$ 之值，其中 C 是 $|z| = 0.5$ 逆時針方向進行

解 因極點 $z = -1$ 和 $z = -2$ 均不在 $|z| = 0.5$ 內，所以

$$\oint_C \dfrac{2z+3}{(z+1)(z+2)^3} dz = 0$$

7.2 以留數積分法解實數定積分

5. 【以留數積分法解實數定積分】「實數的定積分」也可以利用「留數積分法」來求得，底下是比較常見的三種類型：

類型 1：$\int_{-\infty}^{\infty} f(x)dx$，其中 $f(x)$ 是有理函數

類型 2：$\int_{-\infty}^{\infty} f(x)\sin(mx)dx$ 或 $\int_{-\infty}^{\infty} f(x)\cos(mx)dx$，其中 $f(x)$ 是有理函數

類型 3：$\int_{0}^{2\pi} g(\sin\theta,\cos\theta)d\theta$，其中 $g(\sin\theta,\cos\theta)$ 是 $\sin\theta$ 和 $\cos\theta$ 的有理函數

6. 【類型 1：求 $\int_{-\infty}^{\infty} f(x)dx$ 之值】

■求 $\int_{-\infty}^{\infty} f(x)dx$，其中 $f(x)$ 是實數有理函數

■限制條件：(1) $f(x)$ 分母的方程式沒有實根；

(2) $f(x)$ 分母的 x 次方數大於分子的 x 次方數的 2 次或以上。

　　註：分母的方程式沒有實數根表示極點不在實數軸上

■做法：

(1) 利用 $\oint_C f(z)dz$ 來解，其中路徑 C（見圖 7-1）是沿 x 軸從 $-R$ 到 $+R$，再以此段為直徑的半圓〔在一二象限內（稱為路徑 S）〕所組成，再令 $R \to \infty$ 即可得。即

$$\oint_C f(z)dz = \int_{-R}^{R} f(x)dx + \int_S f(z)dz = 2\pi i \sum \operatorname{Re} sf(z)$$

(2) 在 $\int_S f(z)dz$ 中，若分母的 z 次方數大於分子 z 次方數的 2 次或以上，可證明出 $\lim_{R \to \infty} \int_S f(z)dz = 0$

(3) 所以 $\displaystyle\lim_{R\to\infty}\int_{-R}^{R} f(x)dx = 2\pi i \sum \mathrm{Re}\, s f(z)$

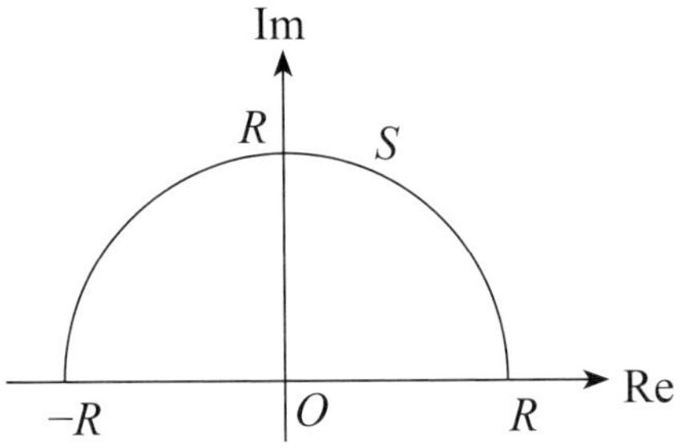

圖 7-1 路徑 C 的積分路程

例9 求 $\displaystyle\int_{-\infty}^{\infty} \frac{x}{(x^2+1)(x^2+2x+2)}dx$ 之值

做法 它滿足：(1) 分母沒有實根；

(2) 分母的 x 次方數（4 次方）大於分子次方數

（1 次方）的 2 次或以上。

也就是求 $\displaystyle\oint_C \frac{z}{(z^2+1)(z^2+2z+2)}dz$ 之值，其值為

$2\pi i \cdot$（上半圓的極點的留數和）

解 $\displaystyle\oint_C \frac{z}{(z^2+1)(z^2+2z+2)}dz = \oint_C \frac{z}{(z+i)(z-i)(z+1-i)(z+1+i)}dz$

（$z=i$ 和 $z=-1+i$ 在 C 內（上半平面））

(a) $z=i$ 的留數 $=\displaystyle\lim_{z\to i}\left[\frac{z}{(z+i)(z+1-i)(z+1+i)}\right]=\frac{1-2i}{10}$

(b) $z=-1+i$ 的留數 $=\displaystyle\lim_{z\to -1+i}\left[\frac{z}{(z+i)(z-i)(z+1+i)}\right]=\frac{-1+3i}{10}$

所以 $\displaystyle\oint_C \frac{z}{(z^2+1)(z^2+2z+2)}dz = 2\pi i\left(\frac{1-2i}{10}+\frac{-1+3i}{10}\right)$

$$=-\frac{\pi}{5}$$

也就是 $\int_{-\infty}^{\infty}\dfrac{x}{(x^2+1)(x^2+2x+2)}dx = -\dfrac{\pi}{5}$

（註：若出現虛數，表示計算錯誤）

例 10 求 $\int_{-\infty}^{\infty}\dfrac{1}{(x^2+1)(x^2+4)}dx$ 之值

做法 它滿足：(1) 分母沒有實根；

(2) 分母的 x 次方數（4 次方）大於分子 x 次方數（0 次方）的 2 次或以上。

也就是求 $\oint_C\dfrac{1}{(z^2+1)(z^2+4)}dz$ 之值，其值為

$2\pi i\cdot$（上半圓極點的留數和）

解 $\oint_C\dfrac{1}{(z^2+1)(z^2+4)}dz = \oint_C\dfrac{1}{(z+i)(z-i)(z+2i)(z-2i)}dz$

（$z=i$ 和 $z=2i$ 在 C 內（上半平面））

(a) $z=i$ 的留數 $=\displaystyle\lim_{z\to i}\left[\dfrac{1}{(z+i)(z+2i)(z-2i)}\right]=\dfrac{-i}{6}$

(b) $z=2i$ 的留數 $=\displaystyle\lim_{z\to 2i}\left[\dfrac{1}{(z+i)(z-i)(z+2i)}\right]=\dfrac{i}{12}$

所以 $\oint_C\dfrac{1}{(z^2+1)(z^2+4)}dz = 2\pi i(\dfrac{-i}{6}+\dfrac{i}{12})=\dfrac{\pi}{6}$

也就是 $\int_{-\infty}^{\infty}\dfrac{1}{(x^2+1)(x^2+4)}dx=\dfrac{\pi}{6}$

（註：若出現虛數，表示計算錯誤）

另解 用微積分解

$$\int_{-\infty}^{\infty}\dfrac{1}{(x^2+1)(x^2+4)}dx = \int_{-\infty}^{\infty}\dfrac{\frac{1}{3}}{x^2+1}dx + \int_{-\infty}^{\infty}\dfrac{-\frac{1}{3}}{x^2+4}dx$$

$$=\dfrac{1}{3}\tan^{-1}x\Big|_{-\infty}^{\infty} - \dfrac{1}{3}\cdot\dfrac{1}{2}\tan^{-1}\dfrac{x}{2}\Big|_{-\infty}^{\infty}$$

$$= \frac{1}{3}\left[\frac{\pi}{2} - (-\frac{\pi}{2})\right] - \frac{1}{6}\left[\frac{\pi}{2} - (-\frac{\pi}{2})\right]$$

$$= \frac{\pi}{6} \text{（答案相同）}$$

7.【類型 2：求 $\int_{-\infty}^{\infty} f(x)\sin(mx)dx$ 或 $\int_{-\infty}^{\infty} f(x)\cos(mx)dx$】之值

■求 $\int_{-\infty}^{\infty} f(x)\sin(mx)dx$ 或 $\int_{-\infty}^{\infty} f(x)\cos(mx)dx$，其中 $f(x)$ 是實數有理函數

（註：此方法和類型 1 相似，只是 $f(z)$ 要多乘以 e^{imz}）

■限制條件：(1) $f(x)$ 的分母方程式沒有實根；

　　　　　　(2) $f(x)$ 分母的 x 次方數大於分子 x 次方數。

註：分母的方程式沒有實數根表示極點不在實數軸上。

■做法：利用 $\oint_C f(z)e^{imz} dz$ 來解，其中路徑 C 與類型 1 同，即（註：複數表示法：$z = \text{Re}(z) + i\text{Im}(z)$）

$$\int_{-\infty}^{\infty} f(x)e^{imx}dx = \oint_C f(z)e^{imz} dz = 2\pi i \sum \text{Re}s[f(z)e^{imz}]$$

又

$$f(x)e^{imx} = f(x)(\cos mx + i\sin mx) = f(x)\cos mx + if(x)\sin mx$$

$$\Rightarrow \int_{-\infty}^{\infty} f(x)e^{imx}dx = \int_{-\infty}^{\infty} f(x)\cos mxdx + i\int_{-\infty}^{\infty} f(x)\sin mxdx$$

$$= 2\pi i \sum \text{Re}s[f(z)e^{imz}]$$

$$\Rightarrow \int_{-\infty}^{\infty} f(x)\cos mxdx = \text{Re}\{2\pi i \sum \text{Re}s[f(z)e^{imz}]\} \text{（實部相等）}$$

且 $\int_{-\infty}^{\infty} f(x)\sin mxdx = \text{Im}\{2\pi i \sum \text{Re}s[f(z)e^{imz}]\}$（虛部相等）

例 11 求 (1) $\int_{-\infty}^{\infty} \dfrac{\cos x}{x^2+1}dx$；(2) $\int_{-\infty}^{\infty} \dfrac{\sin x}{x^2+1}dx$ 之值

做法 它滿足：(1) 分母沒有實根；

(2) 分母的 x 次方數大於分子次方數。

解 因 $\dfrac{e^{iz}}{z^2+1} = \dfrac{e^{iz}}{(z+i)(z-i)}$，只有 $z=i$ 在路徑 C 內，

所以 $\underset{z=i}{\mathrm{Re}s} \dfrac{e^{iz}}{(z+i)}\big|_{z=i} = \dfrac{e^{i^2}}{2i} = \dfrac{-i}{2e}$

即 $\oint_C \dfrac{e^{iz}}{z^2+1}dz = 2\pi i \cdot \dfrac{-i}{ze} = \dfrac{\pi}{e}$

(1) $\int_{-\infty}^{\infty} \dfrac{\cos x}{x^2+1}dx = \mathrm{Re}\left[\oint_C \dfrac{e^{iz}}{z^2+1}dz\right] = \mathrm{Re}\left[\dfrac{\pi}{e}\right] = \dfrac{\pi}{e}$

(2) $\int_{-\infty}^{\infty} \dfrac{\sin x}{x^2+1}dx = \mathrm{Im}\left[\oint_C \dfrac{e^{iz}}{z^2+1}dz\right] = \mathrm{Im}\left[\dfrac{\pi}{e}\right] = 0$

8.【類型 3：求 $\int_0^{2\pi} f(\sin\theta, \cos\theta)d\theta$ 之值】

求 $\int_0^{2\pi} f(\sin\theta, \cos\theta)d\theta$，其中 f(sinθ, cosθ) 是 sinθ 和 cosθ 的有理函數

■ 做法：(a) 令 $z = e^{i\theta}$，則

$$\sin\theta = \dfrac{e^{i\theta} - e^{-i\theta}}{2i} = \dfrac{z - z^{-1}}{2i}，0 \le \theta < 2\pi$$

$$\cos\theta = \dfrac{e^{i\theta} + e^{-i\theta}}{2} = \dfrac{z + z^{-1}}{2}$$

且 $dz = ie^{i\theta}d\theta$ 或 $d\theta = \dfrac{dz}{iz}$

(b) 將 (a) 的結果代入題目後，會變成 $\oint_C f(z)dz$，其中路徑 C 是圓心在原點的單位圓

例 12　求 $\int_0^{2\pi} \dfrac{1}{3-2\sin\theta}d\theta$ 之值

解　令 $z=e^{i\theta}$，則 $\sin\theta=\dfrac{z-z^{-1}}{2i}$ 且 $dz=ie^{i\theta}d\theta$ 或 $d\theta=\dfrac{dz}{iz}$

$$\int_0^{2\pi} \frac{1}{3-2\sin\theta}d\theta = \oint_C \frac{1}{3-2\cdot\dfrac{z-z^{-1}}{2i}}\cdot\frac{dz}{iz}$$

$$= \oint_C \frac{-1}{z^2-3iz-1}dz \quad\cdots\cdots(1)$$

而 $z^2-3iz-1=0$ 的 z 值為（解一元二次方程式）

$$z = \frac{3i\pm\sqrt{(-3i)^2-4\cdot1\cdot(-1)}}{2} = \frac{3i\pm\sqrt{5}i}{2}$$

也就是 $z^2-3iz-1=\left[z-\dfrac{3i+\sqrt{5}i}{2}\right]\left[z-\dfrac{3i-\sqrt{5}i}{2}\right]$

(1) 式 $=\oint_C \dfrac{-1}{(z-\dfrac{3i+\sqrt{5}i}{2})(z-\dfrac{3i-\sqrt{5}i}{2})}dz$（僅 $\dfrac{3i-\sqrt{5}i}{2}$ 在單位圓 C 內）

$z=\dfrac{3i-\sqrt{5}i}{2}$ 的留數 $=\lim\limits_{z\to\frac{(3-\sqrt{5})i}{2}}\left[\dfrac{-1}{z-\dfrac{(3+\sqrt{5})i}{2}}\right] = \dfrac{-\sqrt{5}}{5}i$

所以 $\int_0^{2\pi}\dfrac{1}{3-2\sin\theta}d\theta = 2\pi i\cdot\dfrac{-\sqrt{5}}{5}i = \dfrac{2\sqrt{5}\pi}{5}$

（註：若有出現虛數，表示計算錯誤）

另解（用微積分解）

令 $u=\tan\dfrac{\theta}{2}$，其中 $\theta=0\Rightarrow u=0$；$\theta=\pi-\Rightarrow u=\infty$，

$\theta=\pi+\Rightarrow u=-\infty$；$\theta=2\pi\Rightarrow u=0$

（註：因 $\theta = \pi$ 時，$\tan\dfrac{\theta}{2}$ 無意義，所以在做積分

時，此點要避開）

則 $d\theta = \dfrac{2}{1+u^2}du$，$\sin\theta = \dfrac{2u}{1+u^2}$（見微積分書）

$$\Rightarrow \frac{1}{3-2\sin\theta}d\theta = \frac{1}{3-2\cdot\dfrac{2u}{1+u^2}}\cdot\frac{2}{1+u^2}du = \frac{\dfrac{2}{3}}{(u-\dfrac{2}{3})^2+\dfrac{5}{9}}du$$

$$\int_0^{2\pi}\frac{1}{3-2\sin\theta}d\theta = \int_0^{\pi-}\frac{1}{3-2\sin\theta}d\theta + \int_{\pi+}^{2\pi}\frac{1}{3-2\sin\theta}d\theta$$

$$\int_0^{\pi-}\frac{1}{3-2\sin\theta}d\theta = \int_0^{\infty}\frac{\dfrac{2}{3}}{(u-\dfrac{2}{3})^2+\dfrac{5}{9}}du = \frac{2}{\sqrt{5}}\tan^{-1}(\frac{u-\dfrac{2}{3}}{\dfrac{\sqrt{5}}{3}})\Big|_0^{\infty}$$

$$= \frac{2}{\sqrt{5}}[\frac{\pi}{2}+\tan^{-1}(\frac{2}{\sqrt{5}})]\cdots\cdots\cdots(1)$$

$$\int_{\pi+}^{2\pi}\frac{1}{3-2\sin\theta}d\theta = \int_{-\infty}^{0}\frac{\dfrac{2}{3}}{(u-\dfrac{2}{3})^2+\dfrac{5}{9}}du = \frac{2}{\sqrt{5}}\tan^{-1}(\frac{u-\dfrac{2}{3}}{\dfrac{\sqrt{5}}{3}})\Big|_{-\infty}^{0}$$

$$= \frac{2}{\sqrt{5}}[-\tan^{-1}(\frac{2}{\sqrt{5}})+\frac{\pi}{2}]\cdots\cdots(2)$$

由 (1)+(2) $= \dfrac{2\pi}{\sqrt{5}} = \dfrac{2\sqrt{5}\pi}{5}$（與上面答案同）

例 13 求 $\displaystyle\int_0^{2\pi}\frac{1}{3-2\cos\theta+\sin\theta}d\theta$ 之值

解 令 $z = e^{i\theta}$，則 $\sin\theta = \dfrac{z-z^{-1}}{2i}$，$\cos\theta = \dfrac{z+z^{-1}}{2}$

且 $dz = ie^{i\theta}d\theta$ 或 $d\theta = \dfrac{dz}{iz}$

$$\int_0^{2\pi} \frac{1}{3 - 2\cos\theta + \sin\theta}d\theta = \oint_C \frac{1}{3 - 2 \cdot \dfrac{z + z^{-1}}{2} + \dfrac{z - z^{-1}}{2i}} \cdot \frac{dz}{iz}$$

$$= \oint_C \frac{2}{(1 - 2i)z^2 + 6iz - (1 + 2i)}dz \cdots\cdots(1)$$

而 $(1 - 2i)z^2 + 6iz - (1 + 2i) = 0$ 的 z 值為（解一元二次方程式）

$$z = \frac{-6i \pm \sqrt{(6i)^2 - 4 \cdot (1 - 2i) \cdot [-(1 + 2i)]}}{2(1 - 2i)} = \frac{-6i \pm 4i}{2(1 - 2i)} = 2 - i\,或\,\frac{2 - i}{5}$$

也就是 $(1 - 2i)z^2 + 6iz - (1 + 2i) = (1 - 2i)\big[z - (2 - i)\big]\left[z - \dfrac{2 - i}{5}\right]$

(1) 式 $= \oint_C \dfrac{2}{(1 - 2i)\big[z - (2 - i)\big]\left[z - \dfrac{2 - i}{5}\right]}dz\,\left(僅\,\dfrac{2 - i}{5}\,在單位圓\,C\,內\right)$

$z = \dfrac{2 - i}{5}$ 的留數 $= \lim\limits_{z \to \frac{2-i}{5}}\left[\dfrac{2}{(1 - 2i)[z - (2 - i)]}\right]_{z = \frac{2-i}{5}} = \dfrac{1}{2i}$

所以 $\displaystyle\int_0^{2\pi} \frac{1}{3 - 2\cos\theta + \sin\theta}d\theta = 2\pi i \cdot \dfrac{1}{2i} = \pi$

（註：若有出現虛數，表示計算錯誤）

例 14　求 $\displaystyle\int_0^{2\pi} \frac{\cos 3\theta}{5 - 4\cos\theta}d\theta$ 之值

解　令 $z = e^{i\theta}$，則 $\cos\theta = \dfrac{z + z^{-1}}{2}$，$\cos 3\theta = \dfrac{e^{i3\theta} + e^{-i3\theta}}{2} = \dfrac{z^3 + z^{-3}}{2}$

且 $d\theta = \dfrac{dz}{iz}$

$$\int_0^{2\pi} \frac{\cos 3\theta}{5-4\cos\theta}d\theta = \oint_C \frac{\dfrac{z^3+z^{-3}}{2}}{5-4\cdot\dfrac{z+z^{-1}}{2}}\cdot\frac{dz}{iz} = -\frac{1}{2i}\oint_C \frac{z^6+1}{z^3(2z-1)(z-2)}dz$$

(z^3 和 $(2z-1)$ 在單位圓 C 內)

(a) $z=0$ 的留數 $= \lim\limits_{z\to 0}\dfrac{1}{2!}\dfrac{d^2}{dz^2}\left[\dfrac{z^6+1}{(2z-1)(z-2)}\right]_{z=0} = \dfrac{21}{8}$

(b) $z=\dfrac{1}{2}$ 的留數 $= \lim\limits_{z\to\frac{1}{2}}\left[\dfrac{\dfrac{1}{2}(z^6+1)}{z^3(z-2)}\right]_{z=\frac{1}{2}} = -\dfrac{65}{24}$

所以 $\int_0^{2\pi}\dfrac{\cos 3\theta}{5-4\cos\theta}d\theta = -\dfrac{1}{2i}\cdot 2\pi i\left(\dfrac{21}{8}-\dfrac{65}{24}\right) = \dfrac{\pi}{12}$

10.【實數軸上的簡單極點】

(1) 上面的類型 1 和類型 2 都有一個限制條件，就是分母的方程式沒有實數根。若分母的方程式有一次方的實數根時，其積分公式如下（積分路徑見下圖）：

(a) 若 $f(z)$ 在實數軸上半平面（不含實數軸）的留數總和為 a，即：

$$\sum \operatorname{Re}sf(z) = a$$

(b) 若 $f(z)$ 在實數軸上（不含上半平面）的留數總和為 b，即：

$$\sum \operatorname{Re}sf(z) = b$$

則 $\lim\limits_{R\to\infty}\displaystyle\int_{-R}^{R} f(x)dx = 2\pi i\cdot a + \pi i\cdot b$

<<< 證明略 >>>

(2) 若有一個實數根 m，則 $\oint_C f(z)dz$ 的路徑 C 是（見下圖）

  (a) 沿 x 軸從 $-R$ 到 $m-r$，

  (b) 以 r 爲半徑，m 爲圓心，畫一半圓到 $m+r$，

  (c) 再從 $m+r$ 到 $+R$，

  (d) 再以 $(-R, R)$ 爲直徑的半圓（在一二象限內）所組成（稱爲路徑 S），

  (e) 再令 $R \to \infty$，$r \to 0$ 即可得。

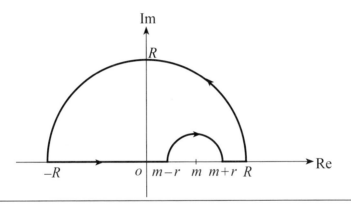

例 15 求 $\displaystyle\int_{-\infty}^{\infty} \frac{1}{(x^2+1)(x^2-x-2)}dx$ 之值

做法 它滿足：(1) 分母有實根；

  　　　　(2) 分母的 x 次方數大於分子次方數的 2 次或以上。

  也就是求 $\displaystyle\oint_C \frac{1}{(z^2+1)(z^2-z-2)}dz$ 之值

解 $\displaystyle\oint_C \frac{1}{(z^2+1)(z^2-z-2)}dz = \oint_C \frac{1}{(z+i)(z-i)(z+1)(z-2)}dz$

  （$z=i$ 在上半平面 C 內，$z=-1$ 和 $z=2$ 在實數軸上）

(a) $z = i$ 的留數 $= \lim\limits_{z=i}\left[\dfrac{1}{(z+i)(z+1)(z-2)}\right] = \dfrac{1+3i}{20}$

(b) $z = -1$ 的留數 $= \lim\limits_{z=-1}\left[\dfrac{1}{(z+i)(z-i)(z-2)}\right] = -\dfrac{1}{6}$

(c) $z = 2$ 的留數 $= \lim\limits_{z=2}\left[\dfrac{1}{(z+i)(z-i)(z+1)}\right] = \dfrac{1}{15}$

所以

$$\oint_C \frac{1}{(z^2+1)(z^2-z-2)}dz = 2\pi i(\frac{1+3i}{20}) + \pi i(\frac{-1}{6}+\frac{1}{15}) = \frac{-3\pi}{10}$$

也就是 $\displaystyle\int_{-\infty}^{\infty}\frac{1}{(x^2+1)(x^2-x-2)}dx = \frac{-3\pi}{10}$

另解 本題也可用微積分來解 $\displaystyle\int_{-\infty}^{\infty}\frac{1}{(x^2+1)(x^2-x-2)}dx$

$$\frac{1}{(x^2+1)(x^2-x-2)} = \frac{a}{x+1} + \frac{b}{x-2} + \frac{cx+d}{x^2+1} \quad (\text{部分分式法})$$

$$= \frac{-\dfrac{1}{6}}{x+1} + \frac{\dfrac{1}{15}}{x-2} + \frac{\dfrac{1}{10}x + \dfrac{-3}{10}}{x^2+1}$$

$$\Rightarrow \int_{-\infty}^{\infty}\frac{1}{(x^2+1)(x^2-x-2)}dx = \lim_{R\to\infty}\int_{-R}^{R}\frac{-\dfrac{1}{6}}{x+1} + \frac{\dfrac{1}{15}}{x-2} + \frac{\dfrac{1}{10}x + \dfrac{-3}{10}}{x^2+1}dx$$

$$= \lim_{R\to\infty}\left(-\frac{1}{6}\ln|x+1|\,\big|_{-R}^{R} + \frac{1}{15}\ln|x-2|\,\big|_{-R}^{R} + \frac{1}{20}\ln|x^2+1|\,\big|_{-R}^{R} + \frac{-3}{10}\tan^{-1}x\,\big|_{-R}^{R}\right)$$

$$= 0 + 0 + 0 + \frac{-3}{10}[\frac{\pi}{2}-(-\frac{\pi}{2})] = \frac{-3\pi}{10}$$

註：此二種方法所求出來的答案相同

練習題

1. 求下列函數的極點和這些極點的留數

(1) $\dfrac{2z+1}{z^2-z-2}$；(2) $(\dfrac{z+1}{z-1})^2$；(3) $\dfrac{\sin z}{z^2}$；(4) $\cot z$；

答 (1) 極點 $=-1$，留數 $=1/3$；極點 $=2$，留數 $=5/3$；

(2) 極點 $=1$，留數 $=4$；

(3) 極點 $=0$，留數 $=1$；

(4) 極點 $=k\pi i, k=0,\pm1,\pm2,\cdots\cdots$，留數 $=1$；

2. 求函數 $f(z)=\dfrac{z^2+4}{z^3+2z^2+2z}$ 的 (1) 零點，(2) 極點和這些極點的留數

答 (1) 零點：$z=\pm2i$

(2) 極點 $=0$，留數 $=2$；

極點 $=-1+i$，留數 $=-(1-3i)/2$；

極點 $=-1-i$，留數 $=-(1+3i)/2$；

3. 求 $\oint_C \dfrac{2+3\sin(\pi z)}{z(z-1)^2} dz$，其中 C 是一矩形，其 4 個頂點為

$3+3i, 3-3i, -3+3i, -3-3i$

答 $-6\pi i$

4. 求下列個函數的積分值

(1) $\displaystyle\int_0^\infty \dfrac{1}{x^4+1} dx$；

(2) $\displaystyle\int_0^\infty \dfrac{1}{(x^2+1)(x^2+4)^2} dx$；

(3) $\displaystyle\int_0^{2\pi} \dfrac{\sin 3\theta}{5-3\cos\theta} d\theta$；

(4) $\displaystyle\int_0^{2\pi} \dfrac{\cos^2 3\theta}{5-4\cos 2\theta} d\theta$；

(5) $\displaystyle\int_0^\infty \dfrac{1}{x^4+x^2+1} dx$

答 (1) $\dfrac{\pi}{2\sqrt{2}}$；(2) $\dfrac{5\pi}{288}$；(3) 0；(4) $\dfrac{3\pi}{8}$；(5) $\dfrac{\sqrt{3}\pi}{6}$；

第 8 章　映射與保角映射

本章將介紹保角映射與雙線性轉換及其特例。

8.1　保角映射

1. 【複數映射或轉換】複數函數 $w = f(z)$ 或寫成

$w = f(x + iy) = u(x, y) + iv(x, y)$，其中 x, y 為自變數，u, v 為因變數。若 x, y 在 z 平面上，u, v 在 w 平面上（見圖 8-1），且函數 $w = f(z)$ 為一對一對應，則在 z 平面上的每一點 (x, y) 均會對應到 w 平面上的一點 (u, v)，此函數 $w = f(z)$ 稱為從 z 平面到 w 平面的映射（mapping）或轉換（transformation）

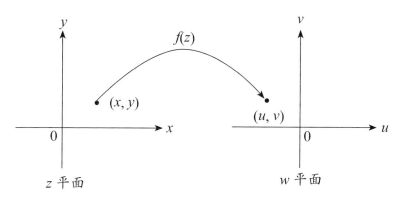

圖 8-1　函數 $f(z)$ 將 z 平面上的點 (x, y) 映射到 w 平面上的點 (u, v)

例1　設 z 平面是由 $x = 0, x = 2, y = 0, y = 1$ 所構成的矩形區域（見圖 8-2 左圖），求經下列轉換後映射到 w 平面的區域

(1) $w = z + (1 + 2i)$；　　(2) $w = \sqrt{2}e^{\pi i/4}z$；

(3) $w = \sqrt{2}e^{\pi i/4}z + (1 - 2i)$；

做法 解映射題目時，常設 $z = re^{i\theta}$，$w = \rho e^{i\phi}$ 或

設 $z = x + iy$，$w = u + iv$ 代入解題

解 設 $w = u + iv$，$z = x + iy$，則

(1) $w = z + (1 + 2i) \Rightarrow (u + iv) = (x + iy) + (1 + 2i)$

$\Rightarrow u = x + 1, v = y + 2$

z 平面的四條直線的參數式和其 w 的對應值分別為：

(a) $x = 0, y = t, (t \in R) \Rightarrow u = 1, v = t + 2$ （$u = 1$ 直線）

(b) $x = 2, y = t, (t \in R) \Rightarrow u = 3, v = t + 2$ （$u = 3$ 直線）

(c) $x = t, (t \in R), y = 0 \Rightarrow u = t + 1, v = 2$ （$v = 2$ 直線）

(d) $x = t, (t \in R), y = 1 \Rightarrow u = t + 1, v = 3$ （$v = 3$ 直線）

所以 w 平面是由 $u = 1, u = 3, v = 2, v = 3$ 所圍成的矩形（見圖 8-2 右圖）

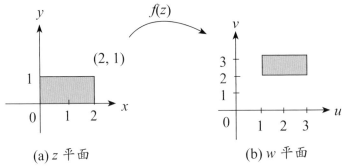

(a) z 平面　　　　　　　　　(b) w 平面

圖 8-2　例 1(1) 結果圖

(2) $w = \sqrt{2} e^{\pi/4} z$

$\Rightarrow (u + iv) = \sqrt{2} [\cos(\pi/4) + i\sin(\pi/4)](x + iy)$

$= (x - y) + i(x + y)$

$\Rightarrow u = x - y, v = x + y$

z 平面的四條直線的參數式和其 w 的對應值分別為：

(a) $x = 0, y = t, (t \in R) \Rightarrow u = -t, v = t$

$\Rightarrow u + v = 0$ （消去 t 得到）

(b) $x = 2, y = t, (t \in R) \Rightarrow u = 2 - t, v = 2 + t \Rightarrow u + v = 4$

(c) $x = t, (t \in R), y = 0 \Rightarrow u = t, v = t \Rightarrow u - v = 0$

(d) $x = t, (t \in R), y = 1 \Rightarrow u = t - 1, v = t + 1 \Rightarrow u - v = -2$

所以 w 平面是由 $u + v = 0, u + v = 4, u - v = 0, u - v = -2$ 所圍成的矩形（見圖 8-3 右圖）

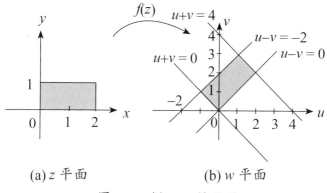

(a) z 平面　　　　　　(b) w 平面

圖 8-3　例 1(2) 結果圖

(3) $w = \sqrt{2} e^{\pi i / 4} z + (1 - 2i)$

$\Rightarrow u + iv = \sqrt{2} \, [\cos(\pi/4) + i\sin(\pi/4)](x + iy) + (1 - 2i)$

$\Rightarrow u + iv = (x - y) + i(x + y) + (1 - 2i)$

$\qquad\quad = (x - y + 1) + i(x + y - 2)$

$\Rightarrow u = x - y + 1, \ v = x + y - 2$

z 平面的四條直線的參數式和其 w 的對應值分別為：

(a) $x = 0, y = t, (t \in R) \Rightarrow u = -t + 1, v = t - 2$

$\qquad\qquad\qquad\qquad\quad \Rightarrow u + v = -1$ （消去 t 得到）

(b) $x = 2, y = t, (t \in R) \Rightarrow u = 3 - t, v = t \Rightarrow u + v = 3$

(c) $x = t, (t \in R), y = 0 \Rightarrow u = t + 1, v = t - 2 \Rightarrow u - v = 3$

(d) $x = t, (t \in R), y = 1 \Rightarrow u = t, v = t - 1 \Rightarrow u - v = 1$

所以 w 平面是由 $u + v = -1, u + v = 3, u - v = 3, u - v = 1$ 所圍成的矩形（見圖 8-4 右圖）

註：此三小題映射的意義請參閱第 8.3 節的例 8 說明

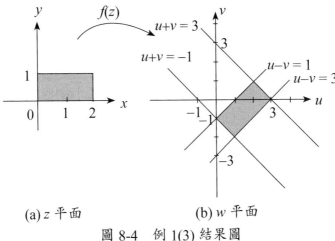

(a) z 平面　　　　　　　(b) w 平面

圖 8-4　例 1(3) 結果圖

例 2 設 z 平面是由下列區域所構成，求經 $w = z^2$ 轉換後映射到 w 平面的區域

(1) z 平面的第一象限；

(2) z 平面的 $x = 1, y = 1, x + y = 1$ 所圍成的區域

做法 解映射題目時，常設 $z = re^{i\theta}$，$w = \rho e^{i\phi}$ 或設 $z = x + iy$，$w = u + iv$ 代入解題

解 (1) z 平面的第一象限（見圖 8-5 左圖）：

設 $z = re^{i\theta}$，$w = \rho e^{i\phi}$，則

$w = z^2 \Rightarrow \rho e^{i\phi} = r^2 e^{i(2\theta)} \Rightarrow \rho = r^2, \phi = 2\theta$

因 z 平面在第一象限 $\Rightarrow 0 < r < \infty$ 且 $0 < \theta < \pi/2$

所以在 w 平面的 ρ 和 ϕ 值分別為：

$0 < \rho (= r^2) < \infty$ 且 $0 < \phi (= 2\theta) < \pi$

$\Rightarrow$ 在 w 平面的第一、二象限上

也就是在 w 平面的上半平面（見圖 8-5 右圖）

另解

設 $z = x + iy$，$w = u + iv$，則

$w = z^2 \Rightarrow (u + iv) = (x + iy)^2 \Rightarrow u = x^2 - y^2, v = 2xy$

因 $x > 0$ 且 $y > 0$（第一象限）$\Rightarrow -\infty < u < \infty$，$v > 0$

所以在 w 平面的上半平面（見圖 8-5 右圖）

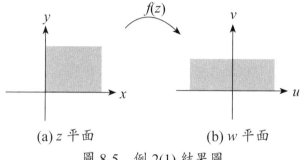

(a) z 平面　　　　　　(b) w 平面

圖 8-5　例 2(1) 結果圖

(2) 由三直線 $x = 1, y = 1, x + y = 1$ 所圍成的區域（見圖 8-6 左圖）

設 $z = x + iy$，$w = u + iv$，則

$w = z^2 \Rightarrow (u + iv) = (x + iy)^2 \Rightarrow u = x^2 - y^2, v = 2xy$

z 平面的三條直線的參數式和其對應的 w 值分別為：

(a) $x = 1, y = t, (t \in R) \Rightarrow u = 1 - t^2, v = 2t$

　　$\Rightarrow 4u + v^2 = 4$（消去 t）

(b) $x = t, (t \in R), y = 1 \Rightarrow u = t^2 - 1, v = 2t \Rightarrow 4u - v^2 = -4$

(c) $x = t, (t \in R), y = 1 - t \Rightarrow u = t^2 - (1-t)^2 = 2t - 1$

　　$v = 2t(1-t) \Rightarrow u^2 + 2v = 1$

所以 w 平面由三拋物線 $4u + v^2 = 4$，$4u - v^2 = -4$，$u^2 + 2v = 1$ 所圍成（見圖 8-6 右圖）

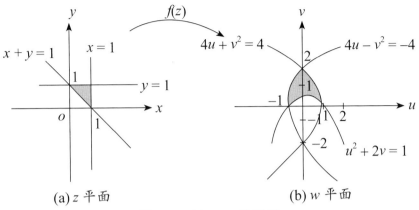

圖 8-6　例 2(2) 結果圖

2. 【何謂保角映象】

(1) 複數函數

$w = f(z) = u(x, y) + iv(x, y)$，其中 $z = x + iy$

$f(z)$ 將點 (x, y) 映射（mapping）到其對應的點 (u, v)，這些 (x, y) 的點可以在 z 平面上繪製一圖（見圖 8-7(a)），同理，(x, y) 點所對應的 (u, v) 點也可以在 w 平面上繪製一圖（見圖 8-7(b)）。

(2) 若 z 平面的二條曲線（C_1 和 C_2）相交於 P 點，其映射到 w 平面的二條曲線（C_1' 和 C_2'）相交於 P' 點，若此二組二條相交的曲線的角度大小和方向均相同，則稱這種映射為保角映射（conformal mapping）。

（註：方向相同是指若在 z 平面上角度的算法是從（C_1 到 C_2），則 w 平面的算法也是從（C_1' 到 C_2'））

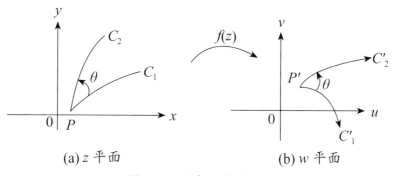

(a) z 平面　　　　　　　　(b) w 平面

圖 8-7　保角映射圖

3. 【保角映象的條件與臨界點】複數函數

$w = f(z) = u(x, y) + iv(x, y)$，其中 $z = x + iy$

若 $f(z)$ 是可解析的，則除了 $f'(z) = 0$ 外，$w = f(z)$ 的映射都是保角映射，其中使得 $f'(z) = 0$ 的 z 點稱為臨界點（critical point）。

註：也就是除了不可解析的點和 $f'(z) = 0$ 的點外，其餘的點均為保角映射。

<<< 證明省略 >>>

例 3 請問函數 $f(z) = z^2$，

(1) 除了那些點外，函數 $f(z)$ 為保角映射？

(2) 試以極坐標表示映射函數 $f(z)$

(3) 試舉例說明函數 $f(z) = z^2$，在 $z = 0$ 點非保角映射

(4) 試舉例說明函數 $f(z) = z^2$，在 $z \neq 0$ 點為保角映射

做法 (1) 保角映射的條件是 $f'(z) \neq 0$ 且 $f(z)$ 可解析

(2) 極坐標表示法是令 $z = re^{i\theta}$，代入 $f(z)$ 的 z 值

解 (1) 因 $f(z) = z^2$ 是可解析的，而

$f'(z) = 2z = 0 \Rightarrow z = 0$，

所以函數 $f(z)$ 除了 $z = 0$ 點（臨界點）外，其餘的點都是保角映射。

(2) 令 $z = re^{i\theta} = r(\cos\theta + i\sin\theta)$，

$f(z) = z^2 = r^2(\cos 2\theta + i\sin 2\theta)$

所以轉換後的長度變成原長度的平方倍，角度變成原角度的 2 倍（註：它是指每個點的極坐標值改變了，但還是保角映射）

(3) (a) 設二曲線 $C_1 : z = t + 0i(t \geq 0)$，$C_2 : z = 0 + it$

z 平面上，因 C_1 在正 x 軸上，C_2 在正 y 軸上，交點在點 $(0, 0)$ 上，由 C_1 到 C_2 的角度為 $90°$

(b) $C_1 : z = t + 0i \Rightarrow C_1' : f(z) = z^2 = t^2$

$C_2 : z = 0 + it \Rightarrow C_2' : f(z) = z^2 = (it)^2 = -t^2$

w 平面上，因 C_1' 在正 u 軸上，C_2' 在負 u 軸上，由 C_1' 到 C_2' 的角度為 $180°$

(c) 因 (a)(b) 二者的夾角不同，所以函數 $f(z) = z^2$，在 $z = 0$ 點（臨界點）非保角映射

(4) (a) 設 z 平面二曲線 $C_1 : z = t + i(t \geq 0)$，$C_2 : z = 1 + it$

C_1 是端點在點 $(0, 1)$ 與正 x 軸平行的射線，C_2 是端點在點 $(1, 0)$ 與正 y 軸平行的射線，

此二射線交點在點 $(1, 1)$ 上，由 C_1 到 C_2 的角度為 $90°$（見圖 8-8 左圖）

(b) w 平面中

(i) $C_1 : z = t + i$

$\Rightarrow C_1' : f(z) = z^2 = (t + i)^2 = (t^2 - 1) + 2ti = u_1 + iv_1$

$$\Rightarrow u_1 = (t^2 - 1) \,\backprime\, v_1 = 2t$$

C'_1 方程式為：

$$t^2 = u + 1, t = v/2 \Rightarrow (v/2)^2 = u + 1 \text{ （消去 } t\text{）}$$

$$\Rightarrow 4u - v^2 + 4 = 0 \text{ （為一拋物線）}$$

(ii) C_2: $z = 1 + it$

$$\Rightarrow C'_2 : f(z) = z^2 = (1 + it)^2 = (1 - t^2) + 2ti = u_2 + iv_2$$

$$\Rightarrow u_2 = 1 - t^2, v_2 = 2t$$

C'_2 方程式為：

$$t^2 = 1 - u, t = v/2 \Rightarrow (v/2)^2 = 1 - u \text{ （消去 } t\text{）}$$

$$\Rightarrow 4u + v^2 - 4 = 0 \text{ （為一拋物線）}$$

(iii) C'_1 和 C'_2 的交點為：$u_1 = u_2$ 且 $v_1 = v_2$

$$\Rightarrow \text{交點 } t = 1 \text{ 為 } (0, 2)$$

(iv) C'_1 在點 $(0, 2)$ 的切線斜率為：

$$\frac{d}{du}(4u - v^2 + 4) = 0$$

$$\Rightarrow 4 - 2v\frac{dv}{du} = 0$$

$$\Rightarrow \frac{dv}{du} = \frac{4}{2v}\bigg|_{(0,2)} = 1 = m_1$$

C'_2 在點 $(0, 2)$ 的切線斜率為

$$\frac{d}{du}(4u + v^2 - 4) = 0$$

$$\Rightarrow 4 + 2v\frac{dv}{du} = 0$$

$$\Rightarrow \frac{dv}{du} = -\frac{4}{2v}\bigg|_{(0,2)} = -1 = m_2$$

C'_1 和 C'_2 二斜率積為：

$$m_1 \cdot m_2 = -1 \text{（垂直）}$$

(c) 所以 $C_1{}'$ 和 $C_2{}'$ 在函數 $f(z) = z^2$，為保角映射（見圖 8-8 右圖）

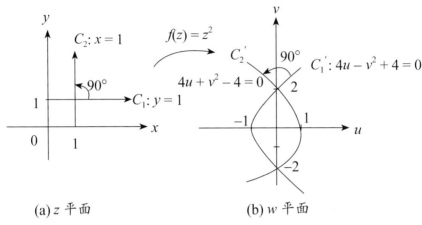

(a) z 平面　　　　　　　　(b) w 平面

圖 8-8　保角映射

例 4　請問函數 $f(z) = z + 1/z$，

(1) 函數 $f(z)$ 的那些點是非保角映射？

(2) 求映射後的函數的方程式

做法　同例 3

解　(1) 除了 $f'(z) = 0$ 的點和不可解析的點外，其他的點都是保角映射

(a) $f'(z) = (z + 1/z)' = 1 - \dfrac{1}{z^2} = \dfrac{(z-1)(z+1)}{z^2}$

$f'(z) = 0 \Rightarrow z = 1$ 或 $z = -1$ 為非保角映射

(b) 當 $z = 0$ 時，$f(z)$ 不可解析，亦非保角映射

(2) 令 $z = re^{i\theta} = r(\cos\theta + i\sin\theta)$，$w = u + iv$

$f(z) = w = u + iv = z + 1/z$

$$= r(\cos\theta + i\sin\theta) + (\cos\theta - i\sin\theta)/r$$

$$= (r + 1/r)\cos\theta + i(r - 1/r)\sin\theta$$

$$\Rightarrow u = (r+1/r)\cos\theta \text{，} v = (r-1/r)\sin\theta$$

$$\Rightarrow \cos\theta = \frac{u}{(r+1/r)} \text{，} \sin\theta = \frac{v}{(r-1/r)}$$

$$\Rightarrow [\frac{u}{(r+1/r)}]^2 + [\frac{v}{(r-1/r)}]^2 = 1$$

為一橢圓且 $r \neq \pm1$ 且 $r \neq 0$

[另解]　令 $z = x + iy \Rightarrow \dfrac{1}{z} = \dfrac{x-iy}{x^2+y^2}$

$$f(z) = z + \frac{1}{z} = (x+iy) + \frac{x-iy}{x^2+y^2}$$

$$= (x + \frac{x}{x^2+y^2}) + i(y - \frac{y}{x^2+y^2})$$

$$= u + iv$$

$$\Rightarrow u = x + \frac{x}{x^2+y^2} = x(1 + \frac{1}{r^2})$$

$$v = y - \frac{y}{x^2+y^2} = y(1 - \frac{1}{r^2})$$

$$\Rightarrow \frac{u^2}{(1+\frac{1}{r^2})^2} + \frac{v^2}{(1-\frac{1}{r^2})^2} = x^2 + y^2 = r^2$$

為一橢圓且 $r \neq \pm1$ 且 $r \neq 0$

8.2　雙線性轉換

4.【雙線性轉換或稱爲線性分式轉換】

(1) 在複數轉換 $w = \dfrac{az+b}{cz+d}$ 中，若 a, b, c, d 是複數
常數，且 $ad - bc \neq 0$，則此轉換稱爲雙線性轉換
（Bilinear transformation）、默比烏斯變換（Mobius
transformation）或稱爲線性分式轉換（linear fractional
transformation）。

(2) 若將 $w = \dfrac{az+b}{cz+d}$ 表示成 $cwz + wd - az - b = 0$ 會發現，
它對 w 和 z 而言都是線性的，所以稱爲雙線性轉換。

(3) $w = \dfrac{az+b}{cz+d} \Rightarrow \dfrac{dw}{dz} = \dfrac{a(cz+d) - c(az+b)}{(cz+d)^2} = \dfrac{ad-bc}{(cz+d)^2}$
上面第 (1) 點的限制 $ad - bc \neq 0$，是爲了確保對所有
的 z，此映射都是保角的（即 $w' \neq 0$）

(4) (a) 已知三點 z_1, z_2, z_3 的雙線性轉換分別爲 w_1, w_2, w_3，
則其雙線性轉換函數爲
$$\frac{w - w_1}{w - w_2} \cdot \frac{w_3 - w_2}{w_3 - w_1} = \frac{z - z_1}{z - z_2} \cdot \frac{z_3 - z_2}{z_3 - z_1}$$
(b) 若其中有 ∞/∞，則其值爲 1（見例 6）。

例 5　求分別將 $z = 0, z = -i, z = -1$ 映射到 $w = i, w = 1, w = 0$ 的
雙線性轉換

做法　可以直接將 z 和 w 值代入 $w = \dfrac{az+b}{cz+d}$，求出 $a : b : c : d$，
也可以直接代入上面 4(a) 公式

解 方法一 分別將 (1) $z = 0$，$w = i$；(2) $z = -i$，$w = 1$；(3) $z = -1$，$w = 0$ 帶入 $w = \dfrac{az+b}{cz+d}$ 內，求出 a, b, c, d 的比值

(1) $z = 0$，$w = i \Rightarrow i = \dfrac{b}{d} \Rightarrow b = id$

(2) $z = -i$，$w = 1 \Rightarrow 1 = \dfrac{-ai+b}{-ci+d} \Rightarrow ai - b - ci + d = 0$

(3) $z = -1$，$w = 0 \Rightarrow 0 = \dfrac{-a+b}{-c+d} \Rightarrow a = b$

由 (1) $\Rightarrow d = b/i = -bi$

由 (2) $\Rightarrow c = (ai - b + d)/i = -(bi - b - bi)i = bi$

所以 $w = \dfrac{az+b}{cz+d} = \dfrac{bz+b}{biz-bi} = \dfrac{z+1}{i(z-1)} = -\dfrac{(z+1)i}{z-1}$

方法二 代入公式

$$\frac{w - w_1}{w - w_2} \cdot \frac{w_3 - w_2}{w_3 - w_1} = \frac{z - z_1}{z - z_2} \cdot \frac{z_3 - z_2}{z_3 - z_1}$$

$$\Rightarrow \frac{w - i}{w - 1} \cdot \frac{0 - 1}{0 - i} = \frac{z - 0}{z - (-i)} \cdot \frac{(-1) - (-i)}{(-1) - 0}$$

$$\Rightarrow \frac{w - i}{(w-1)i} = \frac{z(1-i)}{z + i}$$

$$\Rightarrow \frac{w - i}{(w-1)} = \frac{z(1+i)}{z + i} \Rightarrow \frac{w - i}{1 - i} = \frac{z(1+i)}{(z-1)i} \;(分母＝分子－分母)$$

$$\Rightarrow w = i + \frac{2z}{(z-1)i} = -\frac{(z+1)i}{z-1}$$

（答案與上同）

例 6 (1) 求分別將 $z = 0$, $z = \infty$, $z = 1$ 映射到 $w = -1$, $w = 1$, $w = -i$ 的雙線性轉換

(2) 求分別將 $z = -1, z = i, z = 1$ 映射到 $w = 0, w = i, w = \infty$ 的雙線性轉換

做法 直接代公式

解 (1) 將 $z_1 = 0, z_2 = \infty, z_3 = 1$，$w_1 = -1, w_2 = 1, w_3 = -i$ 代入，則

$$\frac{w - w_1}{w - w_2} \cdot \frac{w_3 - w_2}{w_3 - w_1} = \frac{z - z_1}{z - z_2} \cdot \frac{z_3 - z_2}{z_3 - z_1}$$

$$\Rightarrow \frac{w - (-1)}{w - 1} \cdot \frac{(-i) - 1}{(-i) - (-1)} = \frac{z - 0}{z - \infty} \cdot \frac{1 - \infty}{1 - 0}$$

$$\Rightarrow \frac{w + 1}{w - 1} \cdot \frac{1 + i}{-1 + i} = \frac{z}{1} \cdot 1$$

$$\Rightarrow \frac{w + 1}{w - 1} = iz \Rightarrow w = \frac{z - i}{z + i}$$

(2) 將 $z_1 = -1, z_2 = i, z_3 = 1$，$w_1 = 0, w_2 = i, w_3 = \infty$ 代入，則

$$\frac{w - w_1}{w - w_2} \cdot \frac{w_3 - w_2}{w_3 - w_1} = \frac{z - z_1}{z - z_2} \cdot \frac{z_3 - z_2}{z_3 - z_1}$$

$$\Rightarrow \frac{w - 0}{w - i} \cdot \frac{\infty - i}{\infty - 0} = \frac{z - (-1)}{z - i} \cdot \frac{1 - i}{1 - (-1)}$$

$$\Rightarrow \frac{w}{i} \cdot 1 = \frac{z + 1}{z - 1} \cdot \frac{-1 + i}{1 + i} \Rightarrow w = -\frac{z + 1}{z - 1}$$

---

5. 【轉換的固定點】複數函數 $w = f(z)$ 或 $u(x, y) + iv(x, y)$ $= f(x + iy)$ 中，現將 z 平面和 w 平面的原點和坐標軸重疊，若 z 平面上的點映射到 w 平面的點重疊，即 $w = f(z) = z$，這些點稱為轉換的固定點（或不變點）。

例 7 求轉換爲 $w = \dfrac{3z-5}{z+1}$ 的固定點

做法 令 $w = f(z) = z$，求出 z 值

解 即解 $f(z) = z \Rightarrow \dfrac{3z-5}{z+1} = z \Rightarrow z^2 - 2z + 5 = 0 \Rightarrow z = 1 \pm 2i$

所以固定點爲 $z = 1 + 2i$ 和 $z = 1 - 2i$

8.3　雙線性轉換的特例

6.【雙線性轉換的特例】雙線性轉換 $w = \dfrac{az+b}{cz+d}$ 的特例有：

(1) 若 $a = 1, c = 0, d = 1$，則 $w = z + b$，此轉換稱為平移：w 平面上的圖形是將 z 平面上的圖形向右平移 b 的位置。

(2) 若 $b = 0, c = 0, d = 1$，則 $w = az$，此轉換稱為旋轉與伸縮：

　(a) 若 a 是實數，w 平面上的圖形是將 z 平面上的圖形伸縮（放大或縮小）$|a|$ 倍。

　(b) 若 a 是複數，是將 w 平面上的圖形旋轉（以原點為圓心做旋轉）一角度，且

　　(i) 若 $|a| > 1$，圖形旋轉又放大；

　　(ii) 若 $|a| < 1$，圖形旋轉又縮小；

　　(iii) 若 $|a| = 1$，圖形只旋轉，沒放大縮小。

　例如：若 $\omega = ae^{i\theta}$，表示圖形以原點為圓心，逆時針旋轉 θ 角度，再放大 a 倍

(3) 若 $c = 0, d = 1$，則 $w = az + b$，此轉換稱為線性轉換：是上面 (1)(2) 的組合，即先旋轉，再平移。

(4) 若 $a = 0, b = 1, c = 1, d = 0$，此轉換變成 $w = \dfrac{1}{z}$，此轉換稱為單位圓的反轉（見例 11）。

例 8　請說明本章例 1 的三小題，其轉換的方式為何？

解　(1) 將圖形平移（向右）$1 + 2i$ 的位置

(2) 將圖形以原點為圓心，逆時針旋轉 $\dfrac{\pi}{4}$，再放大 $\sqrt{2}$ 倍

(3) 將圖形以原點為圓心，逆時針旋轉 $\dfrac{\pi}{4}$，再放大 $\sqrt{2}$ 倍，再平移（向右）$1 - 2i$ 位置（註：轉換前原點的位置，轉換後，變成在 $(1, -2)$ 的位置）

例9 求下列二小題經過轉換到 w 平面的映射結果

(1) $y = 0$ 和 $y = a$ 二條線經 $w = e^{\pi/a}$ 轉換（見圖 8-9(1)）

(2) 上半平面半徑為 1 的半圓，加上 x 軸從 1 到 ∞ 和 -1 到 $-\infty$ 的射線經 $w = \dfrac{a}{2}(z + \dfrac{1}{z})$ 轉換（見圖 8-9(2)）

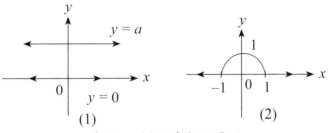

圖 8-9　例 8 的題目圖形

做法 (a) 如果圖形是直線，通常假設 $z = x + iy$；
(b) 如果圖形是圓弧，通常假設 $z = re^{i\theta}$；
再代入 w 轉換，求出 u, v 與 $x, y(r, \theta)$ 的關係

解 (1) 設 $z = x + iy$，則

$$w = u + iv = e^{\pi/a} = e^{\pi(x+iy)/a}$$
$$= e^{\pi x/a}[\cos(\pi y/a) + i\sin(\pi y/a)]$$

即 $u = e^{\pi x/a}\cos(\pi y/a)$，$v = e^{\pi x/a}\sin(\pi y/a)$

(a) 求出直線 $y = 0(\,x \in R\,)$ 的映射結果

$u = e^{\pi x/a}\cos(\pi y/a) = e^{\pi x/a}$，因 $x \in R \Rightarrow u > 0$

$v = e^{\pi x/a}\sin(\pi y/a) = 0$

其圖形為正 u 軸（不含原點）

(b) 求出直線 $y = a(\, x \in R\,)$ 的映射結果

$u = e^{\pi x/a} \cos(\pi y/a) = -e^{\pi x/a}$，因 $x \in R \Rightarrow u < 0$

$v = e^{\pi x/a} \sin(\pi y/a) = 0$

其圖形為負 u 軸（不含原點）

由 (a)(b) 知，$y = 0$ 和 $y = a$ 二直線映射到 w 平面上不含原點的 u 軸

(2) 設 $z = re^{i\theta}$，則

$$w = u + iv = \frac{a}{2}(z + \frac{1}{z}) = \frac{a}{2}(re^{i\theta} + r^{-1}e^{-i\theta})$$

$$= \frac{a}{2}(r + \frac{1}{r})\cos\theta + i\frac{a}{2}(r - \frac{1}{r})\sin\theta$$

即 $u = \dfrac{a}{2}(r + \dfrac{1}{r})\cos\theta$，$v = \dfrac{a}{2}(r - \dfrac{1}{r})\sin\theta$

(a) 半圓 $(r = 1, 0 \leq \theta \leq \pi)$，其映射結果為

$$u = \frac{a}{2}(r + \frac{1}{r})\cos\theta = a\cos\theta，\quad v = \frac{a}{2}(r - \frac{1}{r})\sin\theta = 0$$

$\Rightarrow -a \leq u \leq a, v = 0$（$u$ 軸上 $-a$ 到 a 的線段）

(b) $x \geq 1$ 的射線，$y = 0$ $(r \geq 1, \theta = 0)$，其映射結果為

$$u = \frac{a}{2}(r + \frac{1}{r})\cos\theta = \frac{a}{2}(r + \frac{1}{r})，$$

因 $(r + \dfrac{1}{r}) \geq 2$，所以 $u \geq a$

$$v = \frac{a}{2}(r - \frac{1}{r})\sin\theta = 0$$

$\Rightarrow u \geq a, v = 0$（在 u 軸上大於等於 a 的射線）

(c) $x \leq -1$ 的射線，$y = 0$ $(r \geq 1, \theta = \pi)$，其映射結果為

$$u = \frac{a}{2}(r+\frac{1}{r})\cos\theta = -\frac{a}{2}(r+\frac{1}{r})，$$

因 $(r+\frac{1}{r}) \geq 2$，所以 $u \leq -a$

$$v = \frac{a}{2}(r-\frac{1}{r})\sin\theta = 0$$

$\Rightarrow u \leq -a, v = 0$（在 u 軸上小於等於 $-a$ 的射線）

由 (a)(b)(c) 知，其映射到 w 平面的 u 軸

例 10 z 平面由三條直線 $x = 0, y = 0, x + y = 1$ 所圍成的三角形，求經過轉換 $w = ze^{i\pi/4}$ 到 w 平面的映射（見圖 8-10）

做法 同例 9

解 (1) 設 $z = x + iy$，則

$$w = u + iv = ze^{i\pi/4} = (x+iy)[\cos(\pi/4)+i\sin(\pi/4)]$$

$$= \frac{1}{\sqrt{2}}[(x-y)+i(x+y)]$$

即 $u = \frac{1}{\sqrt{2}}(x-y)$，$v = \frac{1}{\sqrt{2}}(x+y)$

(a) 求出直線 $x = 0(y \in R)$ 的映射結果

$u = \frac{-y}{\sqrt{2}}$，$v = \frac{y}{\sqrt{2}}$，或直線 $u+v = 0$（消去 y）

(b) 求出直線 $y = 0(x \in R)$ 的映射結果

$u = \frac{x}{\sqrt{2}}$，$v = \frac{x}{\sqrt{2}}$，或直線 $u-v = 0$（消去 x）

(c) 求出直線 $x+y = 1$ 的映射結果

直線 $v = \frac{1}{\sqrt{2}} = \frac{\sqrt{2}}{2}$

由 (a)(b)(c) 知，其映射到 w 平面的一個三角形（見圖 8-10）

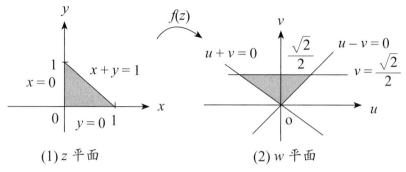

(1) z 平面　　　　　　　　　　(2) w 平面

圖 8-10　(1) 例 10 的題目圖形；(2) 映射後的結果

例 11　求 z 平面帶狀區域 $1/4 \leq y \leq 1/2$ 經過轉換 $w = 1/z$ 到 w 平面的映射（見圖 8-11）

做法　同例 9

解　$w = \dfrac{1}{z} \Rightarrow z = \dfrac{1}{w} \Rightarrow x + iy = \dfrac{1}{u + iv} = \dfrac{u - iv}{u^2 + v^2}$

即 $x = \dfrac{u}{u^2 + v^2}$ ，$y = \dfrac{-v}{u^2 + v^2}$

(a) $y \geq \dfrac{1}{4} \Rightarrow \dfrac{-v}{u^2 + v^2} \geq \dfrac{1}{4} \Rightarrow u^2 + v^2 + 4v \leq 0$

$\Rightarrow u^2 + (v + 2)^2 \leq 4$（圓心為 $(0, -2)$，半徑為 2 的圓內部）

(b) $y \leq \dfrac{1}{2} \Rightarrow \dfrac{-v}{u^2 + v^2} \leq \dfrac{1}{2} \Rightarrow u^2 + v^2 + 2v \geq 0$

$\Rightarrow u^2 + (v + 1)^2 \geq 1$（圓心為 $(0, -1)$，半徑為 1 的圓外部）

所以 z 平面區域 $1/4 \leq y \leq 1/2$ 經過轉換到 w 平面為二圓中間處（見圖 8-11(2)）

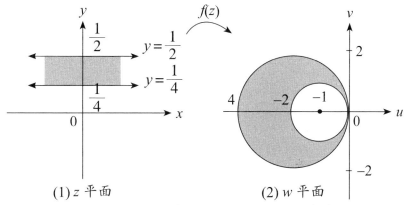

(1) z 平面　　　(2) w 平面

圖 8-11　(1) 例 11 的題目圖形；(2) 映射後的結果

練習題

1. 在 z 平面上一個三角形的 3 個頂點分別是 $i, 1 - i, 1 + i$，求經下列映射後的圖形與原圖形做那些改變，

   (1) $w = 3z + 4 - 2i$；(2) $w = iz + 2 - i$；

   (3) $w = 5e^{\pi i/3}z - 2 + 4i$

   答 (1) 圖形放大 3 倍，再向右平移 $4 - 2i$ 位置

   (2) 圖形以原點為圓心，逆時針旋轉 90°，再向右平移 $2 - i$ 位置

   (3) 圖形以原點為圓心，逆時針旋轉 $\dfrac{\pi}{3}$，再放大 5 倍，後平移 $-2 + 4i$ 位置

2. 圓 $|z - 3| = 5$ 經 $w = 1/z$ 映射後，得到的圓方程式為何？

   答 $|w + 3/16| = 5/16$

3. 區域 $\text{Im}[z] > 0$ 經 $w = (z - i)/(iz - 1)$ 映射後，得到的區域為何？

   答 $|w| \leq 1$

4. 求 w 平面上的那個曲線方程式，經過下列轉換後，會映至 z 平面的 $x + y = 1$

(1) $w = z^2$；(2) $w = 1/z$

答 (1) $u^2 + 2v = 1$；(2) $u^2 + 2uv + 2v^2 = u + v$；

5. 一正方形的 4 個頂點 1, 2, 1 + i, 2 + i，經過下列轉換後映至到的圖形，其內角是否還是直角？

(1) $w = 2z + 5 - 3i$；(2) $w = z^2$

答 (1) 是；(2) 是（保角映射）

6. 求將 z 平面的 3 點 $i, -i, 1$，分別映至到 w 平面的 $0, 1, \infty$ 的線性分式轉換

答 $w = \dfrac{(1-i)(z-i)}{2(z-1)}$

7. 求將 z 平面的 3 點 $1+i, -i, 2-i$，分別映至到 w 平面的 $0, 1, i$ 的線性分式轉換

答 $w = \dfrac{(2z - 2 - 2i)}{(i-1)z - 3 - 5i}$